Dipl.-Ing. Hanswerner Kögler, Feuerwehr Ottendorf
BD Dr. Ulrich Cimolino, BF Düsseldorf

Elektrischer Strom im Einsatz

Elektrischer Strom im Einsatz

Reihe: Standard-Einsatz-Regeln
Herausgeber: Ulrich Cimolino

Kögler, Cimolino

Bibliografische Informationen der Deutschen Nationalbibliothek

Die Deutsche Nationalbibliothek verzeichnet diese Publikation in der Deutschen Nationalbibliografie; detaillierte bibliografische Daten sind im Internet über http://www.dnb.de abrufbar.

Bei der Herstellung des Werkes haben wir uns zukunftsbewusst für umweltverträgliche und wiederverwertbare Materialien entschieden. Der Inhalt ist auf chlorfrei gebleichtes Papier gedruckt.

Nachweis der Titelbilder:
Die Titelbilder wurden von Herrn Willmuth (Sebnitz), Herrn Neumann (Sächsische Schweiz – Osterzgebirge) und der Firma Eisemann zur Verfügung gestellt.

ISBN 978-3-609-69719-2

E-Mail: kundenbetreuung@hjr-verlag.de

Telefon: +49 89/2183-7928
Telefax: +49 89/2183-7620

www.ecomed-storck.de

Satz: abavo GmbH, 86807 Buchloe
Druck: Kessler Druck + Medien GmbH, 86399 Bobingen

Vorwort

Mit der Reihe zu „Standard-Einsatz-Regeln"[1)] (SER) haben es sich Herausgeber und Autoren vorgenommen, auch im deutschen Sprachraum zusammen mit der Reihe „Einsatzpraxis" inhaltlich aufeinander abgestimmte Feuerwehr-Fachbücher inkl. dazu passender Ausbildungs-CDs zu veröffentlichen.

Aufgrund der unterschiedlichen Struktur und Ausrüstung der verschiedenen Feuerwehren ist es nicht möglich, allgemeingültige und für alle passende Standard-Einsatz-Regeln zu veröffentlichen. Die Broschüren der Reihe „Standard-Einsatz-Regeln" sollen daher nach einer relativ kurzen[2)] einleitenden Erklärung zu den fachlichen Hintergründen des Themas einen Taktikbereich so allgemein beschreiben, dass er für alle Einheiten mit der dafür notwendigen Ausbildung und Ausrüstung auch anwendbar ist, dabei jedoch so detailliert sein, dass Verwechslungen bzw. Missverständnisse ausgeschlossen werden können.

„Elektrischer Strom und Feuerwehreinsatz" umschreibt ein eher kleines Gebiet der Verwendungsmöglichkeiten von elektrischen Erzeugungs-, Fortleitungs- und Verbraucheranlagen. Dabei wird sowohl der „einsatzbedingte" Gebrauch von Elektrizität kurz und praxisnah beschrieben wie auch die Ausnahmesituation „Stromausfall".

Kein Lebensbereich funktioniert heute mehr ohne den mehr oder weniger hohen Einsatz von elektrischer Energie und entsprechenden Anlagen. Die Abhängigkeit wird drastisch deutlich, wenn für wenige Stunden die Energieversorgung auch nur regional zusammenbricht. In kürzester Zeit entstehen katastrophenähnliche Zustände mit erheblichem Handlungsbedarf verschiedenster Organisationen in der Gefahrenabwehr.

Strom ist einerseits alltäglich, andererseits wird aber Elektrizität auch mit Skepsis betrachtet und mit ihr eine allgemeine Gefahr verbunden. Das ist sicherlich v.a. darauf begründet, dass unsere Sinnesorgane elektrischen Strom

---

1) Aus den amerikanischen Standard-Operations-Procedures (SOP) für die Buchreihe Einsatzpraxis und entsprechende Fachartikel „eingedeutscht". Vgl. zu den SER: Cimolino et al., 2003; Graeger et al., 2003–2009.

2) Es ist innerhalb der Reihe zu den SER unmöglich, alle Hintergrundinformationen ausführlich zu beschreiben. Hier sei auf die Buchreihe „Einsatzpraxis" mit ausführlichen Erklärungen und Praxisbeispielen sowie auf die angegebene weiterführende Literatur verwiesen.

nicht wahrnehmen können und erst wenn die Wirkung des Stromflusses spürbar wird, kann dann aber tatsächlich auch eine Todesgefahr bestehen.

In Summe ist aber festzustellen, dass aufgrund der hohen Sicherheitsstandards, der technischen Möglichkeiten und entsprechender Hinweise Elektrizität heute nicht gefährlicher ist als andere Bereiche des gesellschaftlichen Lebens. So ist sicher die Anzahl der Toten und Verletzten im öffentlichen Straßenverkehr weitaus höher anzusetzen als beim Umgang mit elektrischen Geräten in Beruf und Haushalt, obwohl das im größeren Umfang stattfindet.

Allgemeine Hinweise zur Reihe sowie weitergehende Informationen zu den verschiedenen Heften und Autoren finden Sie auf unserer Homepage:

www.standardeinsatzregel.org

Die Inhalte dieser Empfehlung werden in den folgenden Büchern der Reihe „Einsatzpraxis", ecomed, weiter vertieft:

- Einsatzfahrzeuge für Feuerwehr und Rettungsdienst: CIMOLINO/ZAWADKE, 2005
- Brandbekämpfung mit Wasser und Schaum: DE VRIES, 2000–2008

Die Autoren respektieren die Leistungen aller weiblichen Feuerwehrangehörigen. Frauen bereichern die Feuerwehren und ohne sie ist ein flächendeckendes Feuerwehrsystem auf weitgehend ehrenamtlicher Basis nicht zu erhalten. Im Sinne der Lesbarkeit haben wir auf die weibliche Form verzichtet, ohne damit den Eindruck erwecken zu wollen, dass „Feuerwehr" Männersache sei. Als geschlechtsneutrale Abkürzung wird FA (für Feuerwehr-Angehörige) benutzt.

Wir bedanken uns für die Unterstützung bei den Vorarbeiten und der Erstellung bei

- Andreas Becker, Stadtwerke Witten
- Thorben Gruhl, Leese
- Oliver Lang, Jülich

Ottendorf, Düsseldorf
im November 2014

Hanswerner Kögler
Dr. Ulrich Cimolino

Inhalt

1 Fachliche Hintergründe

Die vorliegende Broschüre soll als einsatznahe Ausbildungsunterlage bzw. zur Unterstützung bei der Erstellung eigener Unterlagen oder als Standard-Einsatz-Regel (SER) für den praktischen Gebrauch in Ihren Einheiten geeignet sein.

Die Elektrotechnik beinhaltet Gefahren, aber auch Hilfestellungen. Das Wissen darüber eröffnet den Feuerwehren Möglichkeiten, die ohne „Strom“ nicht denkbar wären!

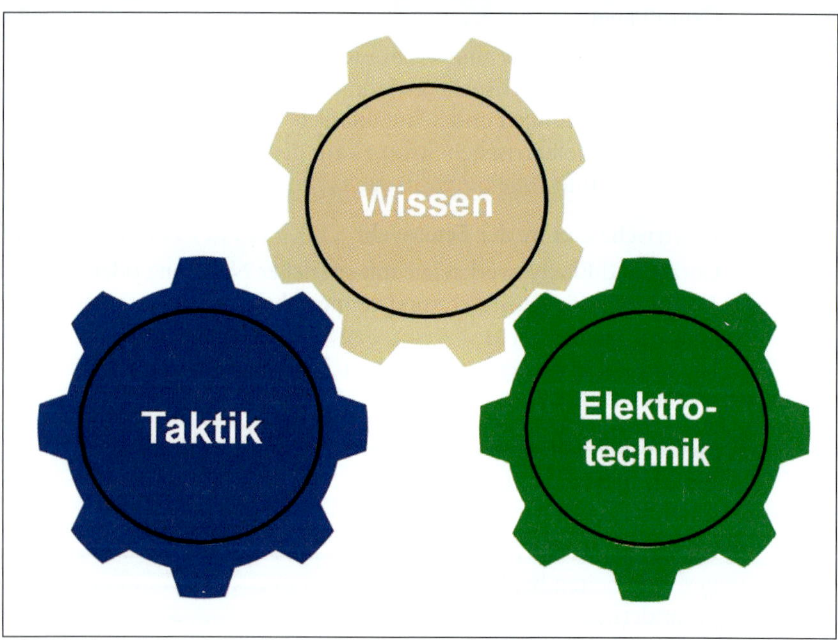

Abb. 1/1: Mit der bewussten Verknüpfung zwischen Taktik und Technik werden die Gefahren minimiert und die Möglichkeiten potenziert. (Grafik: Kögler)

1.1 Geschichtliches

Das „Elektron“ bestimmt jegliche Form der Erscheinung und Wirkung elektrischer Ströme und Spannungen. Nur wussten die Griechen in der Antike nichts davon, als sie den Bernstein so bezeichneten. Er hatte die wundersame Eigenschaft, als Bürstenkörper oder Spindel zum Hanfspinnen die feinen Fäden anzuziehen. Nüchtern nennen wir das heute: Elektrostatik. Diese braucht heute auch keinen Bernstein mehr, man kann das auch z.B. mit einem Glas oder gut isolierendem Kunststoff machen.

Wissenschaftlich begann im späten 16. Jahrhundert Gilbert[1] mit der Untersuchung von Elektrizität und Magnetismus. Die erste Elektrisier-„Maschine“ baute von Guericke[2] 1672.

Heute ist die Elektrostatik (sieht man von z.B. Entstaubungsanlagen u.Ä. ab) im allgemeinen Leben eher lästig (kleine Stromschläge, Anhaften von Staub oder – schon wieder „historisch“ – Antistatikbänder an Autos). Elektronik muss man meist davor schützen. Richtig heftig und auch für die Feuerwehren sehr beachtenswert sind die Arbeit während Gewittern und die möglichen Folgeeinsätze. Die Erkenntnis, dass es hierbei nicht um „Gottes Strafe“, sondern auch „nur“ um die „Verschiebeelektrizität“ geht, verdanken wir Franklin[3], der 1752 im nicht nachahmenswerten Versuch mit einer metallisierten Drachenschnur den Ladungsausgleich „nach oben“ erzwungen hatte und die richtigen Schlüsse zog.

Etwas später (1780) brachte eine Beobachtung von Galvani[4] einen weiteren Stein ins Rollen. Für seine kranke Frau hatte er Froschschenkel für eine Suppe zum Trocknen mit Kupferdrähten an ein Eisengeländer gehängt. Immer wenn die Schenkel das Geländer berührten, zuckten diese. Er machte dieselbe Beobachtung danach auch unter Zuhilfenahme einer Elektrisiermaschine. Das Phänomen richtig zu erklären, gelang erst Volta[5] 1792 und die „Voltaische Säule“ (Batterie) ab 1800 ermöglichte ganz neue Experimentier- und Anwendungsfelder in der Elektrotechnik, vor allem weil man hier erstmals auch nennenswert große Ströme erzeugen konnte.

---

1) William Gilbert, englischer Physiker, *1544 – †1603

2) Otto von Guericke, Bürgermeister von Magdeburg, Physiker und Namensgeber dortiger Universität, *1602 – †1686

3) Benjamin Franklin, amerikanischer Staatsmann und Erfinder, *1706 – †1790

4) Luigi Galvani, italienischer Arzt und Anatom, *1737 – †1798

5) Alessandro Volta, italienischer Physiker, *1745 – †1827

Damit war auch das Tor offen, um herauszufinden, dass elektrischer Strom nicht nur Funken machen kann, sondern auch magnetische Kräfte erzeugt. Die Ablenkung von Magnetnadeln erkannte 1820 Oerstedt[1)] und schon zwölf Jahre später beschrieb Faraday[2)], dass ein Strom in einem Leiter in einem benachbarten Leiter über ein „Nichts" wiederum einen Strom erzeugt – induziert, wie wir heute sagen. Damit waren alle grundlegenden Handwerkzeuge erkannt, um mit der Elektrotechnik der Menschheit ungeahnte Möglichkeiten zu eröffnen.

Potenzial für Forscher und Entdecker war (und ist!) trotzdem noch reichlich vorhanden. Man musste den Nutzen erkennen, die Eigenschaften sinnvoll verknüpfen und das vor allem auch in praktische Lösungen umsetzen. Und nur beispielhaft sind noch die folgenden Wegbereiter zu nennen: Ohm, Gauß, Weber, Wheatstone, Siemens, ...

Nicht zu vergessen: Auch die Schwachstromtechnik ging ihren Weg. Was wäre die Welt ohne die Telegrafie/Telefonie, ohne Bell, Reis usw.?

Oder wie es Goethe in seinen Aphorismen für diese seine Zeit schrieb:

> *„Die wahren Weisen fragen, wie sich die Sache verhalte in sich selbst und zu anderen Dingen, unbekümmert um den Nutzen, d.h. um die Anwendung auf das Bekannte und zum Leben Notwendige, welche ganz andere Geister, scharfsinnige, lebenslustige, technisch geübte und gewandte, schon finden werden."*

1.2 Bedeutung und Entwicklung der Elektrotechnik

Während die elektrostatische Energieerzeugung/Nutzung im Leistungsbereich (z.B. Gewitterableitung) immer wieder heiß diskutiert und praktisch doch wieder verworfen wird, ist ihre Anwendung in anderen Bereichen fest verankert. Wenn Froschschenkel zucken, warum sollen es menschliche Muskeln nicht? Der Mensch ist schon immer im Grunde auch elektrisch gesteuert. Der Herzschrittmacher z.B. beweist den Nutzen und der Defibrillator ist auch bei den Feuerwehren kein unbekanntes Teufelszeug mehr.

---

1) Hans Christan Oerstedt, dänischer Physiker, *1771 – †1851

2) Michael Faraday, englischer Experimentalphysiker und chemischer Analytiker, *1791 – †1867

Dagegen hat sich die galvanische oder chemische Zelle als Stromerzeuger oder Akkumulator schon immer mehr oder weniger in Randgebieten als eher unersetzlich etablieren können. Derzeit ist diese Speichertechnik sogar erheblich auf dem Vormarsch, wenn man den erforderlichen Bedarf von Elektroenergie bedenkt, den die Energiewende, aber auch die umweltverträglichere Mobilität (Hybrid-, E-Autos) erfordern.

Dass Kommunikationstechnik im weitesten Sinne möglichst gar nicht ans „Netz" muss, um sich aufzuladen, und „wireless" heute auch vielfach schon für die Energieversorgung von Gebrauchsgütern, wie z.B. auch Elektrowerkzeugen, gern gesehen wird, beweist den enormen Entwicklungsschub u.a. in der Akkumulatorentechnik.

Als zukunftsträchtig muss hier neben dem lithiumbasierten Akku sicher auch noch die (Wasserstoff-)Brennstoffzelle betrachtet werden.

Die magnetische Induktion hat bisher zweifellos den größten Siegeszug zurückgelegt. Wir hätten ohne die Nutzung und weitere Erforschung (hier vielleicht besonders noch hervorzuheben die Schlussfolgerung zum „dynamoelektrischen Prinzip" von Siemens[1)] 1867) dieser Naturgesetze kein elektrisches Licht und keine Antriebsmotoren, wobei letztere selbst in einem Durchschnittshaushalt heute im zweistelligen Bereich vorhanden sind. Voraussetzung war natürlich die Möglichkeit, elektrische Energie in großem Umfang zu erzeugen und in die entlegensten Gebiete mit möglichst wenigen Verlusten zu transportieren. Eine Aufgabe, die über viele Jahre in zwei Etappen gelang. Wurde die „neue industrielle Revolution" zuerst an den Kohlestandorten wegen der nötigen Dampferzeugung befeuert, folgten mit den „Fernleitungen" wieder eine Dezentralisierung und auch die Industrialisierung im landwirtschaftlichen Bereich. Alles hatte aber von Anfang an immer auch Auswirkungen auf die Problemstellungen der teilweise noch sehr unerfahrenen und jungen Feuerwehren. Eigentlich laufen die Feuerwehren dem technischen Fortschritt immer hinterher und bestimmen die Richtung nur in Einzelfällen mit. Das hängt natürlich mit der Stärke der Interessenvertretung(en) und der politischen Unterordnung zusammen.

Die Herausforderungen unserer Zeit sind insbesondere:

- Erneuerbare Energien (Solar, Wind, Geothermie)

1) Werner von Siemens, deutscher Elektrotechniker und Erfinder, *1816 – †1892

- Mobile Energieanwendung hoher Leistungsdichte, Elektrofahrzeuge (Wasserstoff-(Brennstoff-)zelle, chemische Speicher)
- Supraleitung, „Supermagnetismus“ („ewig“ fließender Strom)

In weiterer Zukunft könnte die Kernfusion dazu kommen.

Neue Gebiete in der Elektrotechnik verlangen eine Anpassung von Taktik und Gerät und nicht zuletzt die Erweiterung des Wissens über die Zusammenhänge und Gefahren!

2 Grundlagen

Jeder Feuerwehrangehöriger hat einen bestimmten Bildungsgrad bezüglich Elektrotechnik. Dazu zählen neben der Lebenserfahrung der Schul- und weitergehende Bildungsweg und nicht zuletzt die Inhalte der Grund-, TM-, TF- und weiterer Ausbildungen je nach den einzelnen Ausbildungsordnungen der Länder in Bezug auf z. B. die Umsetzung der FwDV 2 bzw. der Laufbahnlehrgänge der Berufsfeuerwehr. Erfahrungsgemäß kann gerade zum Thema „Strom" kein einheitlicher Grundwissensstand der Einsatzkräfte vorausgesetzt werden. Bestimmte Grundlagen müssen aber vorhanden sein, wenn man verstehen will, **warum** bestimmte Regeln gelten und eine Abweichung davon sehr schnell sehr gefährlich werden kann bzw. warum bestimmte andere Regelungen oder „Empfehlungen" fachlich kaum haltbar sind.

■ Gleichspannung und Gleichstrom

Ein Potenzialgefälle lässt einen Strom fließen, welcher so hoch ist, wie es der Gesamtwiderstand des Kreises festlegt. Und schon haben wir das Kerngesetz der Elektrotechnik, das Ohmsche Gesetz, also:

Abb. 2/1: Als leicht zu merkende „Eselsbrücke" wird das bekannte VDE-Zeichen mit „URI" gefüllt. (Grafik: Kögler)

R = U / I usw.

Mathematisch feiner gesagt:
U / (I · R) = 1

Wenn man jetzt noch weiß, dass das Produkt aus Spannung (U) und Strom (I) gleich der erbrachten Leistung (P) ist, also

$$P = U \cdot I$$

dann kann man jetzt durch Ersetzen von U oder I aus „URI“ die Gleichung so verändern:

$$P = U^2 / R = I^2 \cdot R$$

So erhält man die einfachen Grundgleichungen, mit denen man schon durch überschlägiges Kopfrechnen die meisten Fragen ausreichend gut beantworten kann.

Beispiel:

Wenn man einen 12-V-Akku mit einer Halogenlampe 12 V/55 W prüfen will, wird diese mit $I = P / U = 55\ W / 12\ V = 4{,}6\ A$ belastet. Die Prüfung ist mit dieser Lampe also eher nur für kleine Akkus aussagekräftig.

Wenn ich diese Prüfung mit einem 1,5-Ω-Widerstand durchführe, belaste ich den Akku mit $I = U / R = 12\ V / 1{,}5\ \Omega = 8\ A$. Man beachte aber hier, dass der Widerstand eine Verlustleistung von $P = U^2 / R = (12\ V)^2 / 1{,}5\ \Omega = 96\ W$ „verbraten“ muss! Dem ist zumindest bei der Prüfzeit Beachtung zu schenken.

Unter Gleichstrom fällt praktisch alles, was die Stromrichtung nicht ändert. Aber er kann seine Höhe permanent ändern, also pulsierend sein oder einmalig als Stoßstrom erscheinen. Hier kommen dann auch Erscheinungen zur Geltung, die man eigentlich nur dem Wechselstrom zuschreibt.

Gleich- und Wechselstromsysteme stehen heute gleichberechtigt mit globaler Verbreitung nebeneinander. Der heftige Streit, was besser und ungefährlicher ist, ging – besonders zwischen Edison[1)] und Tesla/Westinghouse[2)] – geführt als „Stromkrieg“ in die Geschichte ein. Mit der Erfindung des Transformators 1881 war Edison eigentlich geschlagen, er hielt aber noch stur weitere zehn Jahre an Gleichstromnetzen fest, was ihn fast in den wirtschaftlichen Ruin getrieben hätte.

Beide Systeme haben Vor- und Nachteile. Das Wechselstromnetz hat aber die dezentrale und damit flächendeckende Anwendung von Elektrizität über-

---

1) Thomas Alva Edison, amerikanischer Erfinder, insbes. der E-Technik, *1847 – †1931

2) Nikola Tesla, serbo-kroatisch/amerikanischer Elektrotechniker, *1856 – †1943;
Georg Westinghouse, amerikanischer Erfinder und Großindustrieller, *1846 – †1914

haupt erst ermöglicht. Die moderne Leistungselektronik erlaubt aber heute in vielen Anwendungen, die Vorteile von Gleichstrom mit den Vorteilen des Wechselstromes durch Gleich- bzw. Wechselrichtung zu verbinden.

■ Wechselspannung und Wechselstrom

Unter Wechselstrom sollen hier nur die sinusförmigen Ströme behandelt werden, die bei der Energieerzeugung verwendet werden bzw. entstehen können.

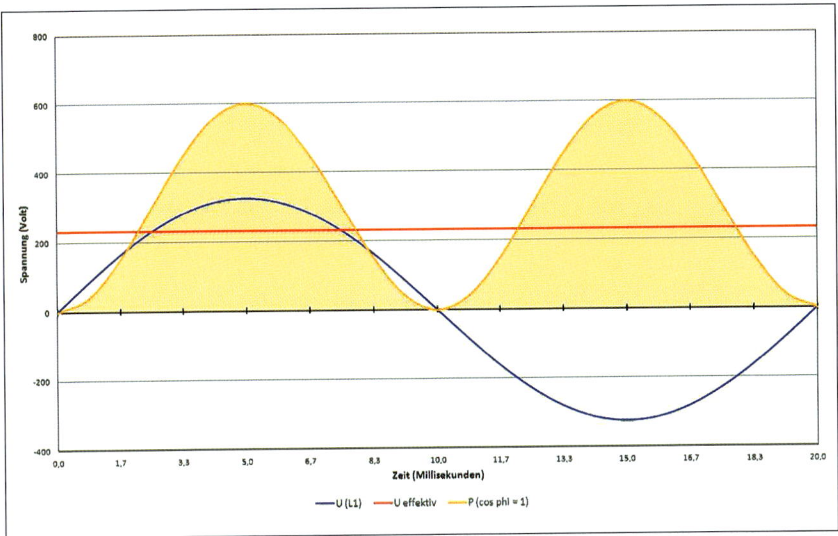

Abb. 2/2: Einphasiger Wechselstrom, Spitzenwert, Effektivwert, Leistungskurve (Grafik: Kögler)

Die Spannung und der Strom (blau) wechseln synchron (wenn man reine ohmsche Last wie Glühlampe, Heizgerät etc. annimmt) alle 10 ms die Richtung. 50 komplette Perioden ergeben die Frequenz unserer Hauptnetze. Für die Höhe der Spannung legt man den Effektivwert fest. Dieser entspricht genau der Gleichspannungshöhe (rot, 230 V), die die gleiche elektrische Leistung am gleichen Verbraucher umsetzen würde. Diese beträgt immer:

$$U_{eff} = U_{max} / \sqrt{2}$$

Die umgesetzte Leistung (U · I) ist dann die Fläche, die unter der Leistungskurve (gelb) eingeschlossen ist. Wir sehen, dass die gesamte Leistung positiv ist. Das kommt daher, weil keine Phasenverschiebung zwischen

Spannung und Strom vorliegt und eine negative Spannung multipliziert mit einem negativen Strom wieder ein positives Produkt, nämlich die Leistung ergibt.

Sind die Erzeuger, Leitungen und Verbraucher aber nicht frei von Blindwiderständen, müssen im Wechselstromsystem Besonderheiten beachtet werden. Unter Blindwiderständen versteht man induktive und kapazitive Gebilde, die gewollt, aber auch ungewollt einfach nicht verhindert werden können und in ihrer Wirkung als Reihen- oder Parallelschaltung auch vernetzt auftreten können.

Am leichtesten ist die Wirkung von Blindwiderständen vielleicht am Kondensator verständlich zu machen. Legt man diesen an eine Batterie, ist die Spannung des Kondensators erst einmal 0 V und der Ladestrom sehr hoch durch die Batteriespannung. Mit der Aufladung des Kondensators wird der Strom kleiner, bis er bei Ausgleich zur Batteriespannung 0 A wird. Es läuft also die Spannung dem Strom hinterher. Genauso ist es bei der Entladung und im Wechselstromnetz findet das periodisch statt. Bei Induktivitäten, also Spulen, verhält es sich genau anders herum, ist aber für den Laien (aufgrund der Gegeninduktion) schwerer zu erklären. In die mechanische Physik übersetzt kann man die Kapazität auch als Druckkessel und die Induktivität als Schwungmasse verstehen. In Abb. 2/3 ist dieser Zusammenhang grafisch dargestellt.

Kapazitive Blindströme laufen dem Wirkstrom immer 90° voraus, induktive dagegen 90° hinterher. Damit heben sich die kapazitiven und induktiven Blindströme aber auch direkt auf, wenn sie gleiche Höhe haben. Das ist wichtig für Energieerzeuger und Verbraucher und wird allgemein als Blindstromkompensation auch aktiv betrieben. Das Diagramm zeigt einen realen Strom mit cos φ, welcher mit der Spannung die Scheinleistung bestimmt. Da Strom und Spannung hier aber zeitversetzt auftreten, ist

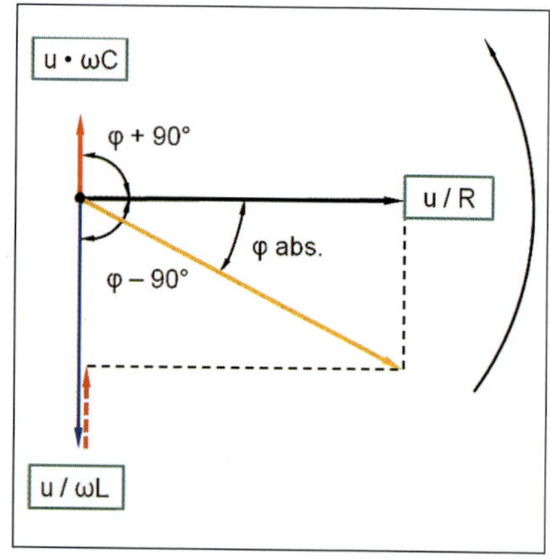

Abb. 2/3: Zeigerdiagramm für RLC-belasteten Wechselstrom (Grafik: Kögler)

der Wirkleistung im Wechselstromnetz bei nicht rein ohmscher Belastung noch der Faktor cos φ anzufügen:

$$P = U \cdot I \cdot \cos \varphi$$

Und wo liegt nun das Problem, insbesondere auch bei unserer Feuerwehrstromerzeugung, also i.d.R. knapper Leistungsreserven?

Obwohl Blindstrom keinen Nutzen erzeugt, ist er da. Er muss produziert, wieder aufgenommen und transportiert werden. Er belastet (ganz real!) die Kabel und Stromerzeuger, ohne „nützlich" oder „brauchbar" zu sein *(vgl. Abb. 2/4)*.

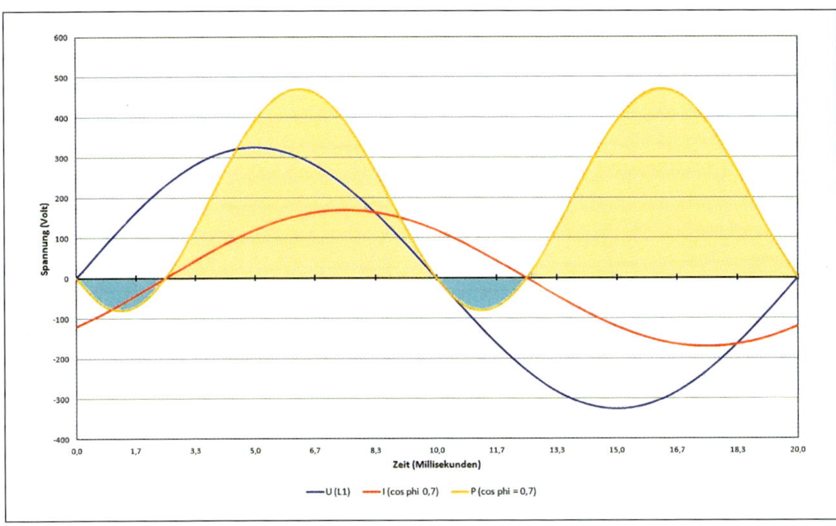

Abb. 2/4: Leistung im Wechselstromnetz mit Blindlast (Grafik: Kögler)

Im Gegensatz zu Abb. 2/2 sind jetzt auch „negative Leistungsflächen" (blau) vorhanden. Diese muss der Generator erzeugen bzw. aufnehmen können und werden in der Leitung als Zusatzbelastung in Stromwärme „verbrannt". Aber auch unsere Stromerzeuger müssen damit „umgehen" können, was nicht nur die magnetischen und thermischen Reserven betrifft, sondern auch die ausreichende Regelung der Ausgangsspannung. Demzufolge haben unsere Stromerzeuger immer höhere Angaben für die Scheinleistung (kVA) gegenüber der Wirkleistung (kW).

Hier wird ausdrücklich schon einmal darauf hingewiesen, dass man allgemein immer ein induktiv belastetes Stromnetz (also nacheilender Strom) annimmt und nicht eine heute durchaus auch mögliche reine kapazitive Verschiebung, z.B. durch Einsatzstellenbeleuchtung mit ausschließlich hocheffizienten Leuchten und elektronischen Vorschaltgeräten (Gasentladungslampen, LED-Lampen usw.)! Weitere Ausführungen dazu finden Sie im Kap. 3.1.5 „Generatoren".

■ Dreiphasenwechselstrom und Dreiphasenwechselspannung (Drehstrom)

Sowohl unser öffentliches Stromnetz als auch die Feuerwehrstromerzeuger ab 5 kVA verwenden drei unter einem Phasenwinkel von 120° fest verkettete Wechselströme, allgemein als Drehstrom bezeichnet.

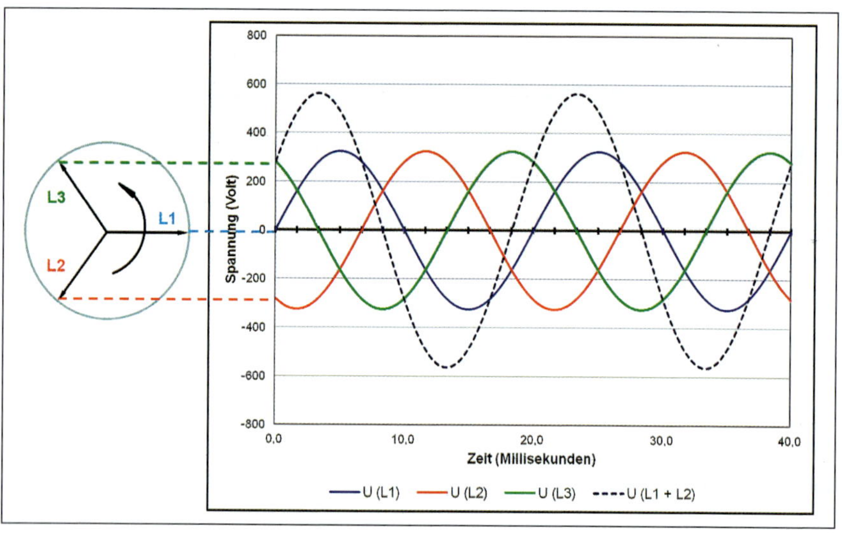

Abb. 2/5: Verkettung der Spannungen (Grafik: Kögler)

Jede Einzelspannung (Strang- oder Phasenspannung) hat i.d.R. 230 V_{eff}. Entnimmt man der Quelle die Spannung an zwei Außenleitern (Leiterspannung), ergibt die Addition der Einzelspannungen eine neue Sinusspannung von 400 V_{eff} (560 V Spitze). Damit ist unser Drehstromnetz bzgl. der Spannungszusammenhänge erklärt.

Vorteilhaft ist die „zweiphasige“ Entnahme mit 400 V_{eff} bei hohen Einphasenlasten, weil hier der Strom (als Maß aller Verluste) für die gleiche Leistung um den Faktor 1,73 geringer ist als bei 230 V. Das wird in der Praxis z.B. bei leistungsintensiven Lichtbogenschweißgeräten (Schutzgas-, Plasma-, ...) angewandt.

Es wird noch ein weiterer Vorteil der „Drehstromtechnik“ sichtbar. Die geometrische Addition der drei Spannungspfeile ergibt 0. Das heißt, die Spannung im Sternpunkt ist 0. Das bedeutet aber auch, dass gleiche Ströme in L1 ... L3 bei gleicher Phasenlage (gleicher cos φ) keinen Strom im Neutralleiter hervorrufen. Wenn aber im Neutralleiter kein Strom fließt, kann auch keine Leistung bei der Übertragung dort verloren gehen.

Es muss also mehr Leistung bei gleichen Verlusten übertragbar sein. Der prozentuale Leistungsverlust in der Leitung ist:

- bei einphasiger Fortleitung: $P_v(\%) = 200 \cdot \varrho \cdot l \cdot P / (A \cdot U^2 \cdot \cos^2\varphi)$
- bei dreiphasiger Fortleitung: $P_v(\%) = 100 \cdot \varrho \cdot l \cdot P / (A \cdot U_L{}^2 \cdot \cos^2\varphi)$

Beispiel:

Drei Scheinwerfer mit je 1000 W an 100 m Kabellänge 2,5 mm² Kupfer:

1~: $P_v(\%) = 200 \cdot 0{,}0175 \cdot 100 \cdot 3000/(2{,}5 \cdot 230 \cdot 230 \cdot 1) = 7{,}9\ \%$

3~: $P_v(\%) = 100 \cdot 0{,}0175 \cdot 100 \cdot 3000/(2{,}5 \cdot 400 \cdot 400 \cdot 1) = 1{,}3\ \%$

Man kann durch Drehstromfortleitung das 6-fache an Leistung übertragen, um auf die gleichen Verluste der einphasigen Übertragung zu kommen. Allerdings braucht man dafür zwei Adern im Kabel mehr, womit sich das Verhältnis effektiv etwas verschlechtert:

3 Leiter/5 Leiter · 7,9 %/1,3 % = 3,6-fach

Wichtiger Hinweis:
Die Leitungslänge kann dadurch, bezogen auf die Kurzschlussauslösung („100-m-Regel“), nicht verlängert werden! Im „Worst Case“ ist mit einem Kurzschluss auf einem Außenleiter zu rechnen. Damit wird der Neutralleiter-Kurzschlussstrom nur um den Betrag eines regulären Leiterstromes vermindert (überprüfbar durch die geometrische Addition aller Ströme).

Tab. 2/1: Physikalische und elektrische Daten von ausgewählten Stoffen und Materialien (Tabelle: Kögler)

Stoffbezeichnung	elektrische Parameter [1]			zusätzliche physikalische Kennwerte					
	spezifischer Widerstand	Leitwert	Temperatur-beiwert	Dichte	spezifische Wärme	Wärme-leitung	lineare Wärmeausdng.	Zugfestigkeit mind.	Schmelz-temperatur
ausgewählte Isolationsstoffe	Ω * mm²/m	mS/m	1/K	g/cm³ = t/m³	J/(g * K)	W/(m * K)	* 10^{-5}/K	N/mm²	°C
Glas	$1*10^{17}$	$1*10^{-8}$		2,5	0,8	0,8	0,9	30	800
Porzellan	$1*10^{18}$	$1*10^{-9}$		2,45					
Polyvenylchlorid (PVC)	$1*10^{19}$	$1*10^{-10}$		1,38		0,15	0,8	70 [1]	180
Polypropylen (PP)	$1*10^{20}$	$1*10^{-11}$		0,91		0,14	11	30	165
metallische Leiter	Ω * mm²/m	m/(Ω * mm²)	1/K	g/cm³ = t/m³	J/(g * K)	W/(m * K)	* 10^{-5}/K	N/mm²	°C
Aluminium	0,0278	36,0	0,004	2,7	0,887	222	2,38	200 [2]	658
Blei	0,2083	4,8	0,0039	11,3	0,127	35	2,93	14	327
Eisen	0,1000	10,0	0,0056	7,87	0,465	67	1,23	220	1530
Stahl (C15)	0,1075	9,3	0,0057	7,85	0,460	50	1,11	330	1510
Stahl (C60)	0,1266	7,9	0,0047	7,83	0,460	46	1,11	650	1470
Edelstahl (X5CrNi 18.10)	0,7299	1,4		7,9	0,500	15	1,65	500	
Konstantan (Rheotan, CuNi44)	0,5000	2,0	0,00001	8,9	0,410	23	1,35	400	1280
Kupfer	0,0175	57,0	0,0038	8,9	0,388	394	1,69	450 [2]	1085
Magnesium	0,0450	22,2	0,0042	1,74	1,038	160	2,55	200	650
Messing (CuZn37, Ms63)	0,0645	15,5	0,0035	8,45	0,389	92	1,9	450 [2]	910
Nickel	0,0833	12,0	0,0047	8,9	0,456	52	1,3	800 [2]	1455
Platin	0,1075	9,3	0,0039	21,4	0,158	70	0,9	200	1770
Quecksilber	0,9524	1,05	0,0009	13,5	0,139	10	18,2 [3]		-38,9
Silber	0,0160	62,5	0,00377	10,5	0,240	419	1,97	160	960
Wolfram	0,0549	18,2	0,0041	19,1	0,141	198	0,45	1100	3380
Zink	0,0606	16,5	0,0037	7,1	0,396	111	2,9	150	419
Zinn	0,1111	9,0	0,0042	7,3	0,229	64	2,67	275	232

ausgewählte nicht-metallische Leiter	Ω * mm²/m	mS/m	1/K	g/cm³ = t/m³	J/(g * K)	W/(m * K)	* 10^{-5}/K	N/mm²	°C
Trinkwasser (Grenzwert nach TrinkwV 2001)	$3{,}58 \cdot 10^6$	279,0							
Trinkwasser (versch. Internet-Quellen)	$2 \cdot 10^7$	50,0	0,01	1,0	4,19	0,6	18 [3]		0
Trinkwasser gemessen[4] (Tiefbrunnen Kirnitzschtal)	$1{,}9 \cdot 10^7$	52,0		1,0					
industrielle Abwässer/Flüsse	$2 \cdot 10^6$	500		1,0					
Meerwasser	$2 \cdot 10^5$	5000		1,02					-1,9
Schaummittellösung 3 %[4] (Sthamex F-15 in TW Kirnitzschtal s.o.)	$4{,}2 \cdot 10^6$	238		1,0					
Schaummittellösung 0,3 %[4] (Sthamex Class-A in TW Kirnitzschtal s.o.)	$1{,}55 \cdot 10^7$	64,5							
Schwefelsäure (37 Masse %, Akku)	$1{,}35 \cdot 10^4$	74000		1,28					
Salzsäure 10 %	$1{,}5 \cdot 10^4$	67000		1,05					
Blut	$1{,}6 \cdot 10^6$	625							
Muskelgewebe	$2 \cdot 10^6$	500							
Fettgewebe	$3{,}3 \cdot 10^7$	30							

1) geringfügige Abweichungen haben ihre Ursache in unterschiedlicher Bezugstemperatur: 0, 15, 20 °C bzw. 300 K (ca. 27 °C) oder der Reinheit der Stoffe

2) hart (gezogen oder gewalzt)

3) räumliche Ausdehnung

4) eigene Messung mit geschlossenen PbSn-Elektroden bei 800 Hz

Der Spannungsverlust von Generator zum Verbraucher beträgt:

- bei einphasiger Fortleitung: $U_v = 2 \cdot l \cdot P \cdot \varrho / (A \cdot U \cdot \cos \varphi)$
- bei dreiphasiger Fortleitung: $U_v = l \cdot P \cdot \varrho / (A \cdot U_L \cdot \cos \varphi)$

Für o.g. Beispiel (Scheinwerfer in Summe 3000 W):

1~: $Uv = 2 \cdot 100 \cdot 3000 \cdot 0{,}0175 / (2{,}5 \cdot 230 \cdot 1) = 18{,}3$ V

3~: $Uv = 100 \cdot 3000 \cdot 0{,}0175 / (2{,}5 \cdot 400 \cdot 1) = 5{,}3$ V

Der Spannungsverlust in einer Leitung ist also vom Material, von dem Querschnitt des Leiters und der Länge abhängig:

$$U_v = 2 \cdot l \cdot I \cdot \varrho / A$$

Die Leitungslänge geht mit hier 2 ein, weil der Strom i.d.R. einen Hin- und Rückweg hat. Für den materialbedingten spezifischen Widerstand (ϱ) kann man auch den Leitwert (χ) einsetzen, wobei:

$$\chi = 1 / \varrho \text{ ist.}$$

In der Tab. 2/1 sind elektrische und physikalische Daten von häufig vorkommenden Stoffen und Materialien aufgeführt.

2.1 Erzeuger, Übertrager und Verbraucher

Es sollen hier nur die feuerwehrrelevanten bzw. stark verbreiteten Formen der Energieerzeugung beschrieben werden. Es muss aber darauf verwiesen werden, dass die politische Förderung der alternativen, regenerativen und CO_2-emissionsarmen Energiegewinnung immer mehr kleine Stromerzeuger entstehen lässt bzw. alte Kleinkraftwerke (insbesondere Wasserkraft, vermehrt aber auch Kraftwärmekopplung in Industrie-, aber auch Wohnanlagen etc.) reaktiviert bzw. neu gebaut werden. Die in den letzten Jahren sehr stark zentralisierte Energieerzeugung in Großkraftwerken wird damit immer weiter dezentralisiert. Folglich wird die Wahrscheinlichkeit, elektroenergieerzeugende Ausrüstungen im Einsatz anzutreffen, immer höher.

Elektrische Nutzenergie erzeugt man in der gewichteten Reihenfolge durch:

- elektromagnetische Induktion (Generator, gilt auch für Windkraftanlagen)
- chemische Erzeuger/Speicher (Batterie, Brennstoffzelle/Akkumulator)
- photovoltaische Effekte

Thermo- und Reibungselektrizität haben bisher keine Bedeutung in der Energieerzeugung erlangt.

■ Elektromagnetische Induktion

Generatoren können nur dann Strom erzeugen, wenn sich ihre Rotoren entsprechend drehen. Entsprechend wichtig ist es, die Antriebsmaschinen gegen ein selbsttätiges (Wieder-)Anlaufen zu sichern. Andererseits laufen Generatoren bei noch vorhandener elektrischer Rückwärtsverbindung zum Netz energieaufnehmend auch als Motor, was irritierend sein kann!

■ Chemische Erzeuger/Speicher

Chemische Zellen sind zu unterscheiden in galvanische Zellen und Akkumulatorzellen.

Die galvanischen Zellen (auch: Primärzellen) erzeugen die Energie aus der Kombination von Elektroden mit dem verbindenden Elektrolyt und könnten theoretisch „immer" Strom erzeugen. Der Aufbrauch findet durch Verzehr, Oxidation oder Passivierung des Materials statt. Man kann sich die Zelle bei der Stromentnahme mit immer größer werdendem Innenwiderstand vorstellen. Was aber bedeutet, dass im Leerlauf die Zellenspannung noch nahe der Normspannung ist und bei Berührung eine Gefahr bei entsprechender Zellenzahl darstellen könnte. Allgemein sind die Primärzellen aber nur im Kleinspannungsbereich anzutreffen und unter Brandeinwirkung eher als Gefahr durch Zerknall und Verätzung einzustufen.

Akkumulatorzellen (auch: Sekundärzellen) können zugeführte elektrische Energie in chemischer Form speichern und wieder abgeben. Akkumulatoren sind heute vielfältig aufgebaut und haben eine große Verbreitung gefunden, u.a. in Spielzeug, Gebrauchsgegenständen, IT-Geräten, Elektrowerkzeugen als typische Kleinspannungsanwendungen bis hin zu Stütz- und Speicherakkumulatoren bei der Energieerzeugung (insbesondere Inselanlagen) und die zunehmende Elektromobilität im Individualverkehr. Auch Akkumulatoren können durch hohe Belastung erschöpft erscheinen und nach Stromunterbrechung auf Nennspannung zurückkommen. Ursache ist bei sehr hoher Stromabnahme die spontane Gasung, welche Teile der aktiven Platten vorübergehend passiviert, zum anderen kann eine kurze hohe Stromentnahme eine Erholung sein, welche bei sehr kalten Akkus (das betrifft z. B. Blei, Li-Ion, NiMH) für eine innere Erwärmung sorgt.

Diese Formen (Generatoren, Akkumulatoren, Batterien) haben gemeinsam, dass sie einen äußerst kleinen (Innen-)Widerstand im gebrauchsfähigen Zustand aufweisen. Damit wird aus dem Ohmschen Gesetz (Abb. 2/1) deutlich, dass der Strom nur durch den Widerstand des Lastkreises begrenzt wird. Damit können auch Anlagen im Kleinspannungsbereich (bis 120 V=) gefährlich werden, weil bei Kurzschluss die erzeugten Ströme die Leiter zum Glühen und Schmelzen bringen.

■ Photovoltaische Effekte

Photovoltaikanlagen arbeiten nach anderen physikalischen Grundlagen und sind in der Gefahrenbewertung spezifisch etwas anders zu betrachten. Die Stromerzeugung ist beleuchtungsabhängig. Zwar kann man die Leiterkreise trennen, aber die innere Stromerzeugung der großflächigen Anlagen geht weiter (vgl. BESCH et al., 2012). PV-Anlagen haben aber gegenüber den o.g. Energiequellen/Speichern den Vorteil, dass keine hohen Kurzschlussströme bei Beschädigung der Leiterisolation auftreten.

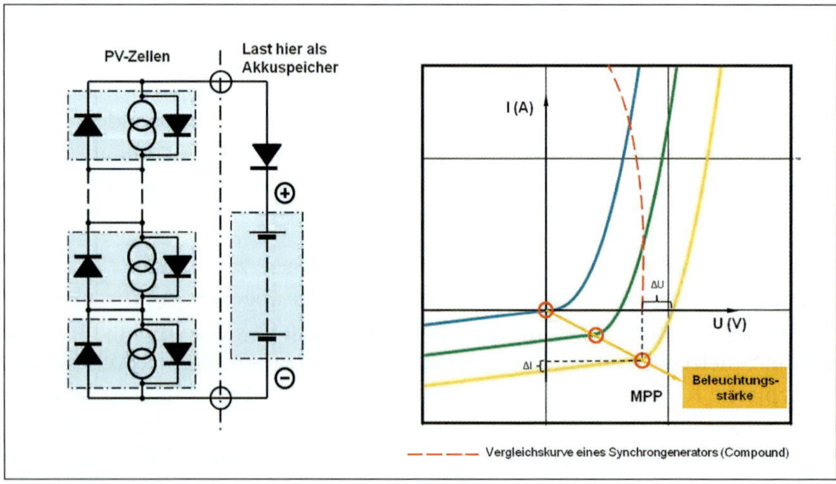

Abb. 2.1/1: PV-Ersatzschaltbild und Kennlinie U = f(I) (Grafik: Kögler)

PV-Zellen sind in Reihe geschaltete Stromquellen. Für die Funktionssicherheit bei Teilabschattung werden sie mit Bypassdioden überbrückt. In der Prinzipschaltung *(s. Abb. 2.1/1)* ist ein Inselbetrieb mit Akku und Rückstromblockdiode dargestellt (wird bei Netzeinspeisung durch einen Umrichter ersetzt). Man kann erkennen, dass bezogen auf den MPP (Maximum Power Point) sowohl die Spannung ohne Stromentnahme (Leerlauf) als auch der Kurzschlussstrom nicht wesentlich höher sind als im MPP.

Es ist aus unserer Sicht deshalb zu hinterfragen, warum man nicht Einrichtungen schafft, um im Brandfall die PV-Anlagen am Umrichter kurzschließen zu können. Der Kurzschlussstrom ließe sich mit einfachen Mitteln detektieren und anzeigen und so den (noch) spannungsfreien Zustand der PV-Anlage anzeigen. Die Leitungen und Steckverbinder werden durch den Kurzschlussstrom nicht wesentlich höher belastet als beim Normalbetrieb. Ein Synchrongenerator, wie in den Feuerwehrstromerzeugern üblich, würde mindestens den fünffachen Nennstrom im Kurzschlussfall generieren, unter der Bedingung, dass die Antriebsmaschine dazu auch in der Lage ist.

2.1.1 Besonderheiten zentrale Erzeuger und Übertrager

Die Erzeuger für die Grund- und abzudeckende Spitzenlast im Verbundnetz arbeiten schon im Generatorbereich derzeit mit Einzelmaschinenleistungen von bis zu 750 MW (Einzelfälle bis 1,5 GW) und grundsätzlich im Mittelspannungsbereich von 1 bis 30 kV. Des Weiteren sind auch die internen Betriebsstromversorgungen teilweise mit speziellen Spannungen ausgeführt.

Schalthandlungen zum Freischalten sind sehr komplex und deshalb nur von Fachpersonal auszuführen.

In der Übertragungs- und Umspanntechnik werden noch höhere Spannungen bis 380 kV (auch als Höchstspannung bezeichnet) verwendet. Grund sind die geringeren Verluste bei kleineren Strömen.

Die neue Energiepolitik verlangt nach Übertragung von höchsten Energiemengen über noch größere Entfernungen. Hier kommt die Wechselstromtechnik wegen der Induktivitätsverluste in den Freileitungen (Kabel schon bei geringerer Länge wegen der kapazitiven Blindleistung) an seine wirtschaftlichen Grenzen. Es ist deshalb in Zukunft wieder mit Gleichstromübertragungen auf neuem Niveau zu rechnen. Das wird den Verbraucher nicht auffallen, nur dass aus Umspannstationen dann auch Umformerstationen (AC/DC <-> DC/AC) werden.

In der Hochspannungstechnik > 100 kV sind die Möglichkeiten und Voraussetzungen der Feuerwehren äußerst gering, selbstständig entscheidende Hilfe zu leisten.

Bei Feuerwehreinsätzen in Energieversorgungsunternehmen (EVU – also Kraftwerke, Umspannstationen) ist von Anfang an genügend Fachpersonal in die Einsatzleitung zu integrieren. Alle Entscheidungen, die in den Betrieb der Einrichtungen eingreifen, sind mit diesen zu besprechen und müssen genehmigt werden!

Das eigenmächtige Betreten der Sicherheitsbereiche ist nicht zulässig!

Sicherheitsbereiche dürfen auch zur Menschenrettung nur betreten werden, wenn

- **Gefahrenbereiche richtig erkannt bzw.**
- **die Anlagen abgeschaltet und gesichert sind.**

Von Hochspannungsanlagen geht mit steigender Spannung eine immer größer werdende Gefahr aus. Bei Niederspannung bis 1 kV~ (bzw. 1,5 kV=) ist letztendlich erst das Berühren des spannungsführenden Teiles Auslöser für eine Durchströmung.

Es kommt zu elektrophysiologischen Reizen wie die Muskelkontraktion und entsprechenden Störungen für die Reizbildung und Leitung am Herzen, daneben zu thermischen Schäden durch die Stromwärme.

Die Wärmeleistung durch Strom ist wie in Kap. 2 ausgeführt $P = U^2 / R$. Damit steigt die thermisch umgesetzte Leistung mit dem Quadrat der Spannung in unserem Körper an.

Bei der Hochspannung kommt dazu, dass hier eine Annäherung ausreicht, um einen Lichtbogen zu zünden.

In Hochspannungsanlagen beträgt die durchschnittlich zu erwartende Durchschlagswechselspannung in Luft ca. 3,5 kV/cm effektiv (bzw. Spitzenwert 3,5 kV/cm $\cdot \sqrt{2} \approx 5$ kV/cm). Die Durchschlagsspannung ist nicht gleich dem Gefahrenbereich, in dem noch Stoßspannungen hinzu betrachtet werden müssen!

Lichtbögen brennen mit > 5000 °C sehr heiß und rufen augenblicklich Verbrennungen bis zum 3. Grad hervor *(vgl. ausführlicher in Kap. 2.4)*.

2.2 Erfassen einer elektrischen Gefahr, elektrische Messtechnik

Die konkrete und unmissverständliche Gewissheit über eine bestehende Gefahr durch elektrischen Strom ist nur durch entsprechende qualifizierte Messung möglich. Selbst sichtbare geöffneter Trenner/Trennstellen sagen nicht aus, ob noch eine Rückspeisung und/oder induktive/kapazitive Einspeisung vorliegt. Selbst wenn letztere selten besondere Leistung erzeugen können, sind bekanntlich Durchströmungen über 30 mA bei längerer Einwirkung schon in der Lage, Herzkammerflimmern/Stillstand zu erzeugen *(vgl. ausführlicher in Kap. 2.4)*.

Aus dem „Werkzeugkasten" der Feuerwehr stehen uns für Mess- oder Prüfzwecke eigentlich nur der zweipolige Spannungsprüfer nach EN 61243 und der Durchgangsprüfer für den PE an Kabeln und Verbrauchern am Stromerzeuger nach DIN 14685 zur Verfügung. In weiter Auslegung kann man die PRCD-Zwischenstecker noch als Werkzeug für Mess- und Prüfzwecke mit einbeziehen.

Derzeit gibt es eine umfangreiche Diskussion, ob sogenannte PRCD-S (S für erweiterte Schutzfunktion) besseren Schutz gewährleisten und ob damit die Prüfung einer Steckdose im Einsatzobjekt vorweggenommen werden kann, da er den „Worst Case", also Schutzleiterkontakt „führt L" erkennt und den Stromkreis trennt.

Ungeachtet des Ausgangs der Diskussion handelt es sich beim PRCD aber nicht um ein Messgerät oder Prüfgerät, sondern um ein Schutzgerät.

Fakt ist, dass der PRCD, der derzeit in der Normung von Beladungen enthalten ist, keine Vertauschung des PE und mit L auf dem Schutzkontakt erkennt und damit nicht abschaltet.

Achtung! Der PRCD nach DIN EN 0661-10 als Zwischenstecker der Fahrzeugbeladungen kann keine falsch angeschlossenen Steckdosen oder Fehler in der Installation erkennen. Er befreit auch einsatzbedingt nicht von mindestens einer „Kurzprüfung" der Steckdose mit den zweipoligen Spannungsprüfer. Die Benutzung erfordert unterwiesenes Personal oder Elektrofachkräfte *(s. auch Abb. 4/1)*.

Für die üblichen Aufgaben einer Feuerwehr reicht der zweipolige Leitungsprüfer aus. Er lässt Messungen in groben Spannungsbereichen zu und kann mit einer (beschränkten) Lastprüfung evtl. induktive Einstreuungen eliminieren. Weiterhin gibt es Ausführungen, die zusätzlich auch im Kleinspannungsmessbereich (Kfz-Technik) einfache Messungen erlauben. Der Spannungsprüfer in angegebener Bauart ist zugelassen, den Punkt „6.2.3 Spannungsfreiheit feststellen" der DIN VDE 0105-100 zu erfüllen.

Für weitergehende Messungen sind komfortable Multimeter (auf die kleineren Widerstandsmessbereiche achten!) nützlich, wenn z.B. auch an Einsatzstellen Störungen erkannt, untersucht und ggf. behoben werden sollen. Damit ist nicht die Vorwegnahme der Wiederholungsprüfung nach DIN VDE 0702 gemeint, sondern eine Kurzprüfung, auch wenn Geräte einer besonderen Schadexposition ausgesetzt waren.

Für erforderliche Strommessungen sind AC/DC-Messzangen zu empfehlen. Man kann damit relativ gefahrlos große wie kleine Ströme im Wechsel- und Gleichstrombereichen messen. Damit kann man auch die Energiebilanz an der Batterie von Fahrzeugen und die Funktion von Unterspannungsschutzschaltungen prüfen sowie bisher unerkannte Verbraucher usw. erkennen.

Feuerwehren, die auch NEA (Netzersatzanlagen) zum Einsatz bringen müssen, brauchen natürlich noch mehr Equipment für den sicheren Anschluss der Stromerzeuger und zum Überprüfen des Einspeisepunkts.

Auf eine Besonderheit soll hier hingewiesen werden:

Bei Einspeisung in Netzanlagen liegt i.d.R. ein geerdetes Netz (TN) oder auch als TT-Netz vor. Die Erdung der Verbraucher wird zentral als Potenzialausgleich in das Netz eingebracht oder bleibt elektrisch getrennt (nur über Erdrückleitung gegeben).

In einem zerstörten TN-Netz muss man immer davon ausgehen, dass der Erdbezug ebenfalls zumindest beeinträchtigt ist. Es sind also unbedingt der Sternpunkt sowie das Generatorgestell zu erden. Um einen Erdpunkt auszuwählen oder einen eigenen Erder einzubringen, bedarf es der Erderausmessung. Dazu kann man wie folgt vorgehen:

Man bildet ein Dreieck aus Erdern *(vgl. Abb. 2.2/1)*, wobei hier in „A" (als Beispiel) ein zuverlässiger Punkt gesehen wird, der mit Hilfe der eingebrachten Hilfserder (B, C) ausgemessen werden soll.

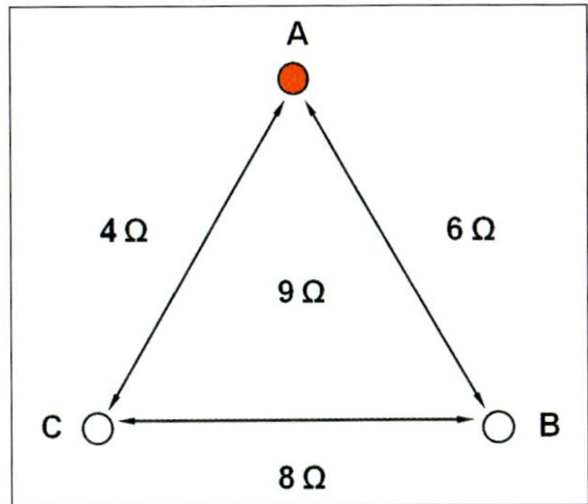

Abb. 2.2/1: Hilfsdreieck zur Berechnung des Erdwiderstands durch 3-Punkt(vergleichs)messung (Grafik: Kögler)

Man misst zwischen allen Punkten den Widerstand. Bei der üblichen Messung mit Gleichstrom (wird wahrscheinlich i.d.R. so sein) muss man die Messung zwischen jeder Strecke zweimal machen und dabei die Polarität wechseln. Das eliminiert Messfehler durch basische/saure Bodenbeschaffenheiten. Es wird aus beiden Messungen also das Mittel gebildet:

Annahme: A -> B = 5,5 Ω und B -> A = 6,5 Ω wird: (5,5 + 6,5) / 2 = 6 Ω

Die drei gemittelten Werte werden addiert und wieder durch 2 geteilt (weil jeder Erdpunkt zweimal in die Rechnung einging), also:

Summenwiderstand: (6 Ω + 8 Ω + 4 Ω) / 2 = 9 Ω

Die Erderwiderstände der Einzelerder ergeben sich jetzt folgendermaßen:

Vom Summenwiderstand werden die Streckenwiderstände abgezogen und ergeben dabei den Erderwiderstand der gegenüberliegenden Spitze:

Erde A: 9 Ω – 8 Ω = 1 Ω

Erde B: 9 Ω – 5 Ω = 4 Ω

Erde C: 9 Ω – 4 Ω = 5 Ω

Erder A hat also (erwartungsgemäß) den kleinsten Widerstand und kann den dafür errechenbaren Kurzschlussstrom tragen. Es könnte aber auch zu einem anderen Ergebnis führen, wenn der Erder unterirdisch schon korrosiv stark angegriffen wäre.

Dieses Verfahren lässt sich natürlich auch bei Erdern für Fernmelde- und Funknetze verwenden, soweit das heute noch eine Rolle spielt (EMV, Entstörung, Stromüberlagerungen, auch von Erdströmen).

Zuletzt soll noch auf ein weiteres messtechnisches Problem hingewiesen werden. Bisher haben wir den Leistungsfaktor cos φ immer als induktive Last gesehen, was ja auch (fast) immer richtig war. Praktisch ist aber auch eine kapazitive Last im Wechselstromnetz möglich, welche sich mathematisch mit dem cos φ nicht gleich von der induktiven Last unterscheiden lässt, weil auch der Phasenwinkel von 270° -> 0° einen positiven cos φ ergibt.

Bisher sind kapazitive Lasten eine willkommene Kompensation für die höheren induktiven Lasten gewesen (z.T. auch künstlich erzeugt zur cos-Verbesserung), allerdings haben gerade neue, energieeffiziente Geräte die Eigenart, durch die Schalttechnik vorlaufende Ströme zu erzeugen (teilweise auch mit beachtlichen Oberwellenspektrum). Setzt man solche Geräte (z.B. Lampen) vermehrt oder überwiegend in leistungsintensiven Bereichen ein, läuft man Gefahr, dass Standardgeneratoren nicht mehr sauber die Spannung ausregeln können *(vgl. auch Kap. 3.1)*.

Messtechnisch nachweisen kann man kapazitive Überkompensation nicht mit normalen „cos φ-Messgeräten", sondern nur mit (alten) elektrodynamischen Zeigergeräten oder Multimetern mit zusätzlicher Phasenwinkelanzeige.

Die Oszillogramme aus Abb. 2.2/2 sollen die „neue" Form der Netz-/Generatorbelastung aufzeigen.

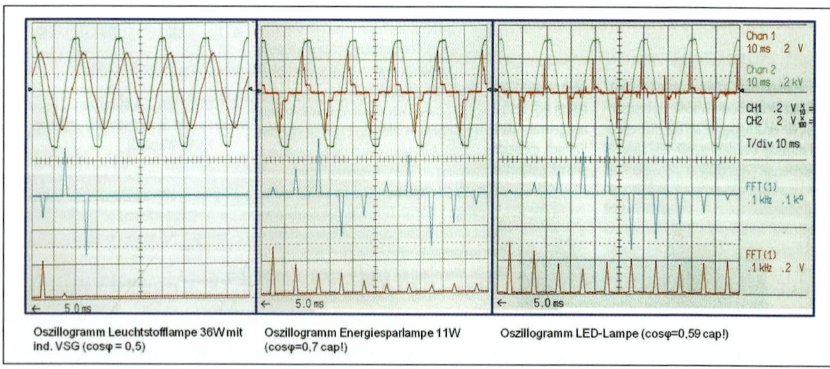

Oszillogramm Leuchtstofflampe 36W mit ind. VSG (cosφ = 0,5)

Oszillogramm Energiesparlampe 11W (cosφ=0,7 cap!)

Oszillogramm LED-Lampe (cosφ=0,59 cap!)

Abb. 2.2/2: Oszillogramme verschiedener Leuchtmittel (Quelle: Elektor 2/2010; Autoren: T. Giesberts; C. Valens)

Allerdings sind solch umfangreiche Oszilloskope noch keine Standardalternative für Messungen vor Ort und verlangen spezielle Kenntnisse zur Messtechnik sowie zur Auswertung.

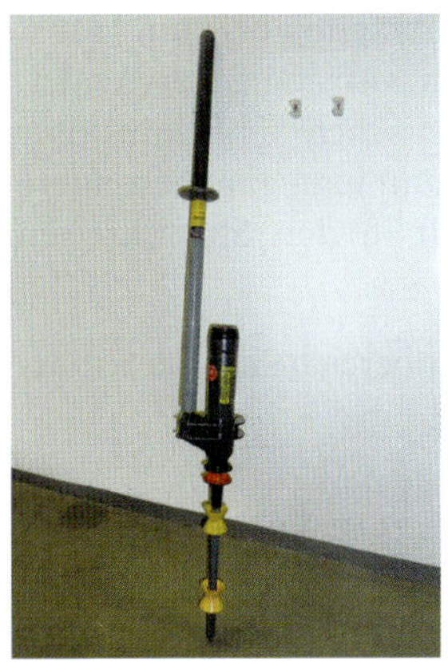

Abb. 2.2/3: Spannungsprüfer für Hochspannung (10 kV~) (Foto: Becker, Stadtwerke Witten)

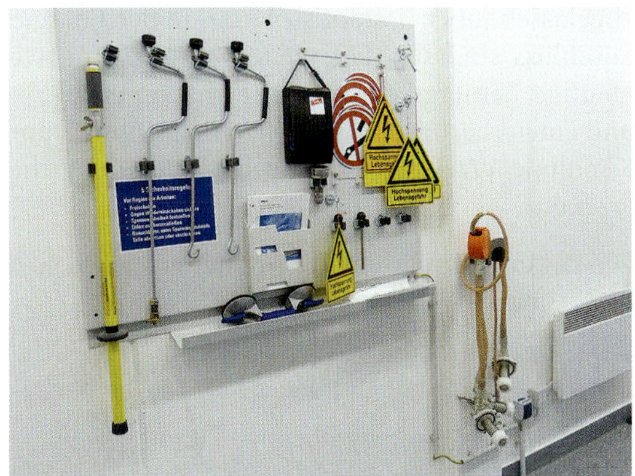

Abb. 2.2/4: Geräte für Schalthandlungen im Mittelspannungsnetz (10 kV~); v.l.n.r.: Betätigungsstange Erdungsgarnitur, Kurbeln für mechanische Betätigung von Sammelschienen- und Erdungstrennern an gasisolierter 10-kV-Schaltanlage, Hinweisschilder und Gasdruckmanometer, Erdungsgarnitur für Kabelanschlüsse (Foto: Becker, Stadtwerke Witten)

Im Hochspannungsbereich, d.h. schon ab der Mittelspannung, kommen völlig andere Mess-, Prüf- und Hilfsmittel mit ganz spezifischer Abgrenzung im Anwendungsbereich (z.B. Spannungshöhe) zum Einsatz. Das ist immer Aufgabe von elektrotechnischem Fachpersonal oder entsprechend unterwiesener Personen.

2.3 Schutzeinrichtungen und Schutzklassen

Elektrische Anlagen genießen einen hohen Sicherheitsstandard. Die Vorschriften sind sehr umfänglich und auf hohem technischen Niveau. Anerkannte Regeln werden permanent fortgeschrieben und optimiert. Daraus ergibt sich aber leider auch, dass man in alten Systemen mit „Bestandsschutz“ mitunter Überraschungen erleben kann, welche durchaus auch gefährlich werden können, wenn man sich der Gefahr nicht bewusst wird.

Von Anfang an und von besonderer Wichtigkeit war die Überstromabsicherung Bestandteil der Elektrotechnik. Allerdings ist die Schmelzsicherung aus der Anfangszeit heute nicht mehr als Leitungsschutz beim Endverbraucher zugelassen (aber Bestandsschutz), in der Energieübertragung bis zum Hausanschluss sind sie aber weiter zulässig und werden vorrangig verwendet. Heutige Leitungsschutzschalter haben einen magnetischen Schnellauslöser und einen thermisch verzögerten Auslöser. Damit kann man eine besondere Kennlinie erzeugen, welche eine höhere Sicherheit in den Stromkreisen erzeugt.

Die Leitungsschutzschalter sind unterteilt in die Normbereiche für die Sofortauslösung:

- B: > 3 · I_n bis einschließlich 5 · I_n
- C: > 5 · I_n bis einschließlich 10 · I_n
- D: > 10 · I_n bis einschließlich 20 · I_n

Der Bereich A ist vorgesehen für „begrenzten Halbleiterschutz“, aber noch nicht genormt.

Im Haushaltsbereich wird überwiegend „B16A“ verwendet, was bei hohen Anlaufströmen, insbesondere Induktionsmotoren, vielfach Auslösungen verursacht, die man mit 10-A-Schmelzsicherungen nicht kannte. Das ist aber aufgrund der Charakteristika auch erklärlich und mit entsprechender Auswahl von geeigneteren Leitungsschutzschaltern lösbar.

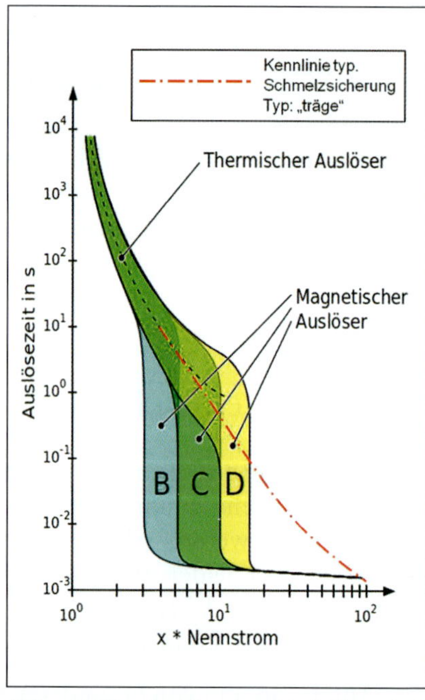

Abb. 2.3/1: Auslösecharakteristiken Leitungsschutzschalter (Grafik: Kögler nach DIN EN 60898)

Hier anzumerken ist, dass Leitungsschutzschalter von Laien bedienbar und i.d.R. auch als „Zählersicherungen“ verbaut, zum Trennen der Wohneinheit bzw. des Hausanschlusses selbst unter Stromfluss geeignet sind. Das kann also jeder Feuerwehrangehörige gefahrlos durchführen.

Nicht mehr so einfach sind Freischaltungen im Bereich von Hausanschlüssen mit i.d.R. NH-Sicherungen. Hier verlangt die DIN VDE

0105-100 das Tragen eines Gesichtsschutzes und die Verwendung des NH-Sicherungssteckgriffs. Da ein Gesichtsschutz nicht im Elektrowerkzeugkasten nach DIN 14885 enthalten ist, gehen wir davon aus, dass ein Helmvisier (DIN EN 443 oder alt DIN 14940) als ausreichend verstanden wird. Zusätzlich bedarf es für die Ausführung mindestens einer „elektrotechnisch unterwiesenen Person", was man schulungsmäßig beachten sollte.

Grundsätzlich sollten solche Arbeiten nur im spannungsfreien Zustand der Anlage durchgeführt werden (das gilt auch für das Auswechseln von Lampen), allerdings ist es unter Einsatzbedingungen selten möglich, günstige Bedingungen zu schaffen. Auf jeden Fall ist mit einem kräftigen Lichtbogen zu rechnen, der durch zu zaghaftes Ziehen noch verstärkt wird.

In Anlagen mit Nennspannung über 1 kV dürfen ohne weiteres auch von Seiten der *Gefahrenabwehr* keine Schalthandlungen oder sonstigen Eingriffe durchgeführt werden. Außer es liegt die ausdrückliche Zustimmung des Betreibers vor, verbunden mit der Zusicherung zum spannungsfreien Zustand *UND die Einheit verfügt über entsprechend ausgebildetes Personal!*

Neben dem Schutz gegen Überströme sind auch Schalter zur Verbesserung des Schutzes gegen Berührungsströme in Gebrauch. Im Wesentlichen kann man unterscheiden in die fest installierten FI-Schutzschalter (RCD – residual current device) und die ortsveränderlichen Fehlerstrom-Schutzeinrichtungen (PRCD – portable residual current devices). Da letztere in unterschiedlichen Aufbauvarianten vorkommen können, kann man derzeit wenig zu den Grenzen des Schutzumfangs sagen. Hier wird nur der „typische" PRCD als Zwischenstecker für die Feuerwehrbeladungen beschrieben. Es kann aber nicht ausgeschlossen werden, dass sich auch andere Ausführungen in der Beladung finden lassen, weil auch die Beladungsnormen der Fahrzeuge keine genaue Spezifikation festlegen. Im Grundsatz ist der FI-Schalter ein Messgerät, welches den hingehenden Strom mit dem zurückkommenden vergleicht. Fließt ein Teilstrom gegen Erde ab, stimmt das Gleichgewicht nicht mehr und das Relais schaltet ab.

Bei dem in Abb. 2.3/3 gezeigten „typischen" PRCD als Zwischenstecker gibt es zwei Zusatzfunktionen. Zum ersten ist der PRCD spannungsabhängig, d.h., er braucht eine Spannung, um „Ein" zu bleiben. Fällt die Spannung ab, schaltet auch der PRCD ab und muss bewusst neu gestartet werden (0-Spannungsschutz). Zum weiteren wird hier der PE nicht am Wandler vorbeige-

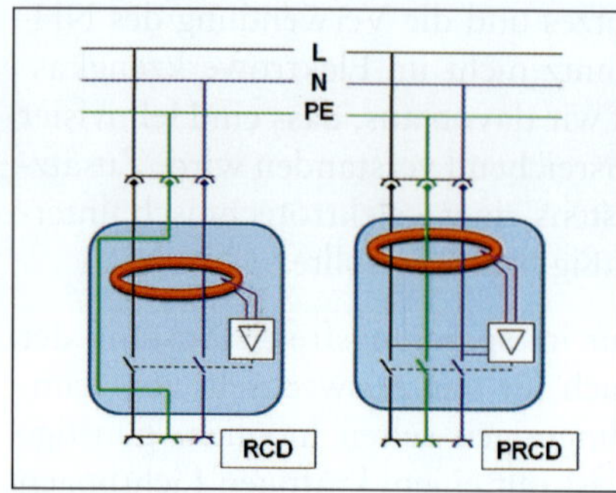

Abb. 2.3/2: RCD und PRCD als „Regelfall" im Vergleich (Grafik: bearbeitet nach Gruhl)

Abb. 2.3/3: PRCD als Zwischenstecker für Feuerwehren (Foto: Kögler)

führt, sondern gegensinnig hindurch. Damit wird bei kleinen Ableitströmen, die ja nicht auf den Neutralleiter zurückfließen und kompensierend wirken, hier verstärkt. Sensible Auslösung ist die Folge, was z.B. bei Tauchpumpen zu Auslösungen führen kann, welche nicht erforderlich wären.

Auf der anderen Seite werden alle Potenziale (welche auch von anderen Phasen oder Stromkreisen stammen), die über das Gehäuse gegen Erde oder durch den Menschen über das Gehäuse gegen Erde wollen, detektiert und führen an der Schwelle zur Abschaltung. Das ist der Sicherheitsgewinn.

Wenn sich eine Tauchpumpe nicht einschalten lassen will, sollte man diese im Trockenen einige Minuten unter Schutztrennung laufen lassen, was evtl. Schwitzwasseransammlung im Innern beseitigt.

Weitere Anforderungen für den Schutz elektrischer Betriebsmittel und deren Benutzer beziehen sich auf die Berührbarkeit/Zugänglichkeit gefährlicher Teile und das Eindringen fester Körper und Wasser als sogenannte IP-Codes.

Bei der Planung und Beschaffung von elektrischen Betriebsmitteln sind die Anforderungen mit den Schutzgraden abzustimmen, um die Benutzer keiner Gefährdung auszusetzen. Es ist zu beachten, dass der Schutzgrad (vorrangig die zweite Kennziffer) bei manchen Geräten nur für eine bestimmte Funktions- bzw. Gebrauchslage zutreffend sein kann.

Insbesondere bei Kleingeräten für den Hausgebrauch gibt es je nach zutreffender Norm keine Kennzeichnungspflicht mit IP-Code. Hier werden Piktogramme verwendet, welche selbsterklärend sein sollen, aber darüber hinaus in der Bedienungsanleitung noch erklärt sind.

Tab. 2.3/1: Kennzeichnende Eigenschaften der Schutzgrade nach EN 60529 (Tabelle: Kögler)

	Schutzgrade [1)]		
Kenn-ziffer	**Gegen Zugang zu gefährlichen Teilen** **Erste Kennziffer Kurzbeschreibung**	**Gegen feste Fremdkörper** **Erste Kennziffer Kurzbeschreibung**	**Gegen Wasser** **Zweite Kennziffer Kurzbeschreibung**
0	Kein Schutz gegen Berührung	Nicht geschützt	Kein Schutz gegen Wasser
1	Geschützt gegen den Zugang zu gefährlichen Teilen mit den Handrücken	Geschützt gegen feste Fremdkörper Ø > 50 mm	Geschützt gegen Tropfwasser
2	Geschützt gegen den Zugang zu gefährlichen Teilen mit einem Finger	Geschützt gegen feste Fremdkörper Ø > 12,5 mm	Geschützt gegen Tropfwasser, wenn Gehäuse bis zu 15° geneigt ist
3	Geschützt gegen den Zugang zu gefährlichen Teilen mit einem Werkzeug	Geschützt gegen feste Fremdkörper Ø > 2,5 mm	Geschützt gegen Sprühwasser
4	Geschützt gegen den Zugang zu gefährlichen Teilen mit einem Draht	Geschützt gegen feste Fremdkörper Ø > 1,0 mm	Geschützt gegen Spritzwasser
5	Geschützt gegen den Zugang zu gefährlichen Teilen mit einem Draht	Staubgeschützt	Geschützt gegen Strahlwasser
6	Geschützt gegen den Zugang zu gefährlichen Teilen mit einem Draht	Staubdicht	Geschützt gegen starkes Strahlwasser
7			Geschützt gegen die Wirkungen beim zeitweiligen Untertauchen in Wasser
8			Geschützt gegen die Wirkungen beim dauernden Untertauchen in Wasser

[1)] Zusätzliche mögliche Buchstabenspezifikationen sind hier unbeachtet gelassen. Je höher die Zahl, desto größer der Schutz.

Abschließend sind noch die Schutzklassen nach DIN EN 61140 zu nennen, welche über den prinzipiellen Aufbau der Geräte/Betriebsmittel informieren.

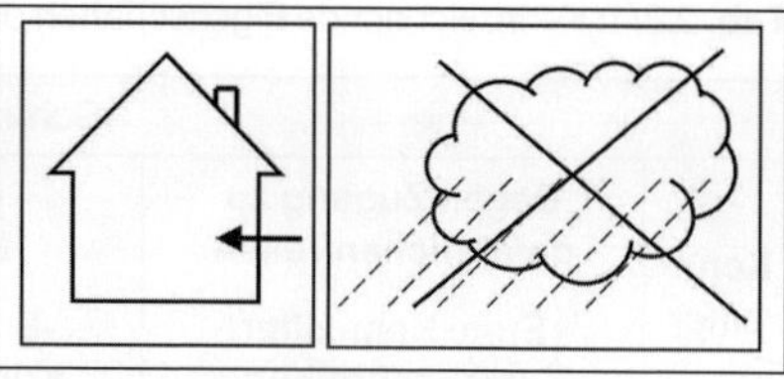

Abb. 2.3/4: Gebräuchliche Piktogramme für IP x0 (Grafik: Kögler)

Jedes von der Feuerwehr benutzte elektrische Betriebsmittel muss den einschlägigen Normen entsprechen. Die Kenntnis aller Vorschriften kann von keinem Menschen abverlangt werden, was ein gewisses Vertrauensverhältnis zum Anbieter der Betriebsmittel voraussetzt. Der rechtliche Rahmen setzt hier auf das CE-Zeichen, was als Eigenverpflichtung von Hersteller oder Vertreiber die Einhaltung aller Normen des Wirtschaftsraumes der Europäischen Union verspricht. Im Konfliktfalle wird es aber sehr schwierig werden, Schadenwiedergutmachung (in welcher Form auch immer) aus Ländern außerhalb der EU durchzusetzen.

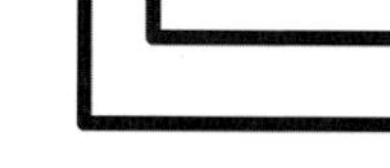

Schutzklasse I
Schutzerdung
Gerät muss mit einem Schutzleiteranschluss versehen sein und dieser mit dem PE(N) des Netzes verbunden sein.
Das Symbol muss nur an der Stelle angebracht sein, an welcher der PE angeschlossen werden muss!

Schutzklasse II
Schutzisolierung, verstärkte oder doppelte Isolierung
Gerät ist technisch so aufgebaut, dass eine Gefährdung bei bestimmungsgemäßen Gebrauch ausgeschlossen ist.
Hat das Gerät ein Netzanschlusskabel mit Schutzkontakt, ist dieser so zu behandeln, als wäre er ein Außenleiter.
Also kein Anschluss an berührbare leitfähige Teile des Gerätes!
Es erfolgt hier auch keine Einbindung in die „Schutztrennung mit Potenzialausgleich"!

Schutzklasse III
Schutzkleinspannung (SELV/PELV)
Betrieb erfolgt mit Spannungen von max. 50 V~ oder 120 V=
Wird diese Spannung aus der höheren Netzspannung erzeugt, muss ein Sicherheitstransformator nach VDE 0570-2-6 (EN 61558-2-6) vorgeschaltet sein.

Abb. 2.3/5: Schutzklassen nach DIN EN 61140 (Grafik: Kögler)

Mit einem zusätzlichen GS-Zeichen, möglichst gebunden an die Prüfstelle, die es erteilt hat, hat man eine größere Sicherheit. So hat man zumindest einen Ansprechpartner für Probleme und kann fachlich Unterstützung finden.

2.4 Wirkung des elektrischen Stromes auf den Menschen und Erste Hilfe

Die Wirkungen von elektrischen Strömen auf den Menschen (ähnlich für Nutztiere) sind so komplex, dass hier nicht alle Besonderheiten vollumfassend dargestellt werden können. Aufgrund des Innenwiderstands des gesamten Strompfades der Berührungspunkte, spannungsführendes Teil gegen Erde oder spannungsführendes Teil gegen spannungsführendes Teil, ergibt sich ein Stromfluss, der sich nach dem Ohmschen Gesetz richtet. Allerdings sind die Widerstände für die gesamte Strecke nicht stabil. Der größte Widerstand ist als erstes die Haut, die aber schnell „durchschlagen“ wird, insbesondere auch

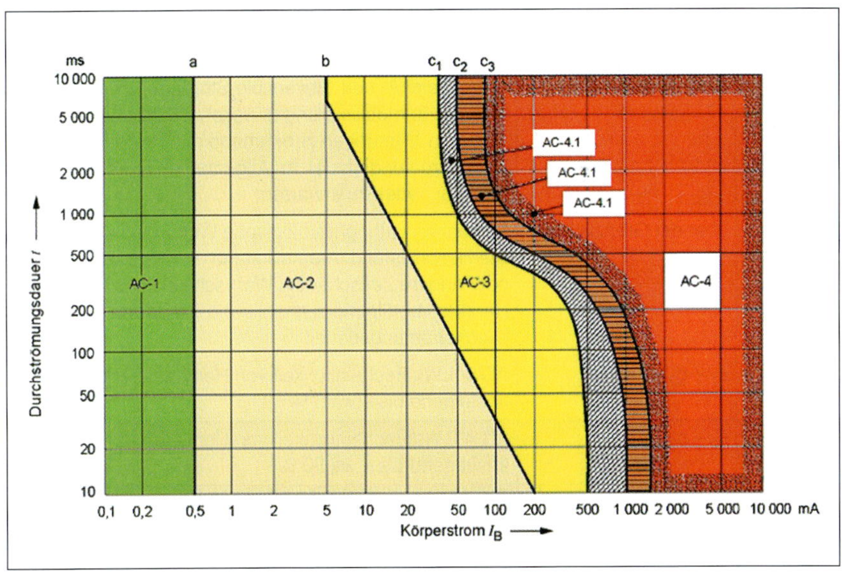

Abb. 2.4/1: Konventionelle Zeit-/Stromstärke-Bereiche mit Wirkungen von Wechselströmen auf Personen bei einem Stromweg von der linken Hand zu den Füßen (Grafik: nach DIN IEC/ TS 60479-1,bearbeitet von Kögler)

durch die Schweißbildung oder schon vorhandene Hautdurchnässung. Den Hand-zu-Fuß-Widerstand bei 230 V~ (als „Regelfall" einer Durchströmung im Feuerwehreinsatz) kann man mit etwa 1,3 kΩ ansetzen, was bei dieser Spannung ca. 180 mA entspricht. Sehr umfangreich und empfehlenswert ist bei tiefergehendem Informationsbedarf die DIN IEC/TS 60479-1.

Nach den Kurven aus Abb. 2.4/1 liegt die Auftrittswahrscheinlichkeit für Herzkammerflimmern bei 180 mA ab 1 s Durchströmungszeit bereits über 50 %. Ursache des „Knicks" ist die besondere Anfälligkeit des Herzens in der vulnerablen Phase pro Zyklus (Pulsfrequenz), nimmt damit bei > 200 ms schnell zu, um sich bei ca. 2 s zu stabilisieren.

Tab. 2.4/1: Zeit-/Stromstärkebereiche Wechselstrom (Beschreibung zu Abb. 2.4/1, nach DIN IEC/TS 60479-1) (Tabelle: Kögler)

Bereiche	Bereichsgrenzen	Physiologische Wirkungen
AC-1	bis zu 0,5 mA Grenzlinie a	Wahrnehmung möglich, aber im Allgemeinen keine Schreckreaktion
AC-2	über 0,5 mA bis Grenzlinie b	Wahrnehmung und unwillkürliche Muskelkontraktionen wahrscheinlich, aber im Allgemeinen keine schädlichen physiologischen Wirkungen.
AC-3	Grenzlinie b bis Grenzlinie c_1	Starke unwillkürliche Muskelkontraktionen. Schwierigkeiten beim Atmen. Reversible Störungen der Herzfunktion. Immobilisierung (Muskelverkrampfung) kann auftreten. Wirkungen zunehmend mit Stromstärke und Durchströmungsdauer. Im Allgemeinen ist kein organischer Schaden zu erwarten.
AC-4 [1)]	über der Grenzlinie c_1	Es können pathophysiologische Wirkungen auftreten wie Herzstillstand, Atemstillstand und Verbrennungen oder andere Zeitschäden. Wahrscheinlichkeit von Herzkammerflimmern ansteigend mit Stromstärke und Durchströmungsdauer.
	$c_1 - c_2$	AC-4.1 Wahrscheinlichkeit von Herzkammerflimmern ansteigend bis etwa 5 %
	$c_2 - c_3$	AC-4.2 Wahrscheinlichkeit von Herzkammerflimmern ansteigend bis etwa 50 %
	über der Grenzlinie c_3	AC-4.3 Wahrscheinlichkeit von Herzkammerflimmern über 50 %

[1)] Bei Durchströmungsdauer unter 200 ms tritt Herzkammerflimmern nur auf, wenn die entsprechenden Schwellenwerte in der vulnerablen Periode überschritten werden. Hinsichtlich des Herzkammerflimmerns bezieht sich Abb. 2.4/1 auf die Wirkungen des Stromes beim Stromweg von der linken Hand zu den Füßen. Bei anderen Stromwegen muss der Herzstromfaktor berücksichtigt werden *(s. Tab. 2.4/2)*.

Alles, was einen Zusatzwiderstand in den „Stromkreis“ hineinbringt, hilft, den Körperstrom zu limitieren. Damit sind alle Teile unserer PSA gemeint, die auch auf Leitfähigkeit bewertet sein sollten. Hier muss natürlich beachtet werden, dass bei der Brandbekämpfung mit Wasser und auch Löschmittelzusätzen „Leitungsbrücken“ geschaffen werden, die nicht beliebig gesteuert werden können. Aber alle isolierenden Materialien, am besten noch welche, die keine signifikante Wasseraufnahme aufweisen, sind besonders vorteilhaft. So sind Kunststoffhelmschalen nicht nur wegen der „schlechteren“ Wärmeleitung von Vorteil *(s. Tab. 2/1)*. Die Schädeldecke zum Herzen hat in etwa die gleiche Impedanz wie die äußere Schulter zum Herz.

Beim Schuhwerk treffen sich zwei gegensätzliche Interessen: Der guten Isolierung gegen gefährliche Durchströmung steht antistatisches Verhalten gegenüber, welches eine gewisse Ableitung verlangt.

Wesentlicher Grund für relativ lange und damit sehr gefährlich werdende Durchströmung sind die Muskelkontraktionen (die ja letztlich im Herzen auch das Flimmern auslösen, aber auch die Atmung lähmen), d.h., man ist nicht mehr in der Lage, einen mit der Hand umfassten stromführenden Gegenstand loszulassen. Dies kann schnell zum Verhängnis werden. Es ist sehr wichtig, unklare Metallstrukturen nicht gleich anzufassen, sondern nur mit dem Handrücken „abzuprüfen“. Vorteil ist hier, dass die Schreckreaktion eine Abwendung vom Gegenstand erzeugt.

Die Gefahr des Herzkammerflimmerns, welches tödlich enden kann, ist neben der Stromhöhe auch abhängig vom Strompfad durch den Körper, der in Tab. 2.4/1 von der linken Hand zu den Füßen definiert ist. Abweichend davon gelten die Herzstromfaktoren *(vgl. Tab. 2.4/2)*. Danach ist der Strompfad zwischen beiden Händen als ungefährlicher einzuschätzen.

Beispiel:

Aus Abb. 2.4/1 führt ein Strom (li. Hand → Fuß) von 150 mA und einer Dauer von 1 s in 50 % aller Fälle zu Herzkammerflimmern (AC-4.3). Nach Tab. 2.4/2 müsste der Strom mit vergleichbarer Wirkung zwischen beiden Händen 150 mA / 0,4 = 375 mA betragen (was einem Pfadwiderstand von 600 Ω erfordert).

Tab. 2.4/2: Herzstromfaktoren für verschiedene Strompfade (Tabelle: nach DIN IEC/TS 60479-1)

Stromweg	Herzstromfaktor *F*
Linke Hand zum linken Fuß, rechten Fuß oder zu beiden Füßen	1,0
Beide Hände zu beiden Füßen	1,0
Linke Hand zur rechten Hand	0,4
Rechte Hand zum linken Fuß, rechten Fuß oder zu beiden Füßen	0,8
Rücken zur rechten Hand	0,3
Rücken zur linken Hand	0,7
Brust zur rechten Hand	1,3
Brust zur linken Hand	1,5
Gesäß zur linken Hand, rechten Hand oder zu beiden Händen	0,7
Linker Fuß zum rechten Fuß	0,04

Wie der Tab. 2.4/2 zu entnehmen ist, stellen alle Stromein- oder -austritte über die Brust die größte Gefahr dar.

Strom hat auch eine thermische Wirkung und natürlich nach dem Ohmschen Gesetz besonders da, wo der Widerstand (damit Spannungsabfall) im Stromkreis besonders hoch ist. Das ist zuerst die Haut. Neben Rötungen bei kleineren Stromdichten/Einwirkungszeiten, die man auch anderen Einwirkungen zuschreiben könnte, sind die „Strommarken" markante Erkennungszeichen höherer bzw. längerer Durchströmungen. Unter 1 s bilden sich diese bei Stromdichten von > 35 A/cm^2 aus. Bei längerer Durchströmung schon bei 1,5 A/cm^2. Die Strommarken sind eng begrenzt und zeigen Stromein- und -austrittstelle deutlich an.

Mit steigender Spannung geht die Gefahr über in schwere Verbrennungen der Haut, aber auch bei den inneren Organen. Äußerlich sind es die unmittelbaren Verbrennungen durch die Lichtbogenüberschläge und im Körperinneren die thermischen Schädigungen durch die entsprechenden enormen Ströme. Die Folgen können sofort letal sein durch Sprengung der verdampfenden Körperflüssigkeiten, aber auch über Wochen verzögert durch örtliche Gewebezerstörungen mit anschließendem Nierenversagen.

Beim Gleichstrom geht man allgemein von einer besseren „Verträglichkeit" für den menschlichen Organismus aus. Das stimmt, insoweit es sich um die

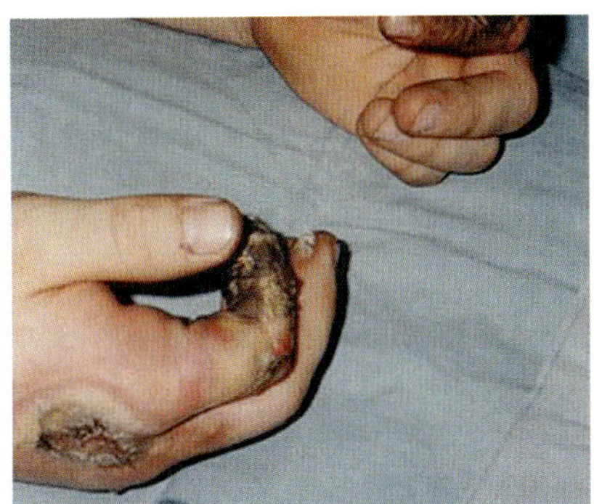

Abb. 2.4/2: Strommarken durch Niederspannung an den Händen (Foto: Dr. Lederer, Bad Saarow)

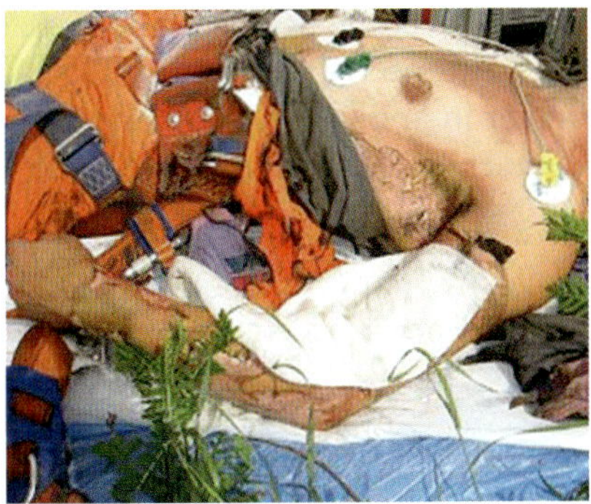

Abb. 2.4/3: Verbrennung durch Hochspannung 15 kV (Bahnstrom) (Foto: Dr. Lederer, Bad Saarow)

Loslassgrenze und Flimmererregung handelt. Allerdings sind reine Gleichströme seltener (PV-Anlagen, Akku-Batterien, Hybrid- oder Elektrofahrzeuge). Die derzeit großen Anwender (S-Bahn, Straßenbahn usw.) haben häufiger gleichgerichtete Ströme mit entsprechend hoher Welligkeit, was sie eher wie Wechselstrom auf den Organismus wirken lässt. Ansonsten ist besonders der beginnende Kontakt mit dem Gleichstromkreis als auch die Trennung von diesem auch für die Flimmererregung kritisch. Eventuell notwendig werdende Defibrillation sollte nicht unbeachtet bleiben.

Die erste Hilfe bei Stromunfällen ist natürlich das Trennen vom Stromkreis, egal auf welchem Weg. Jedoch darf damit nicht das Risiko eingegangen werden, als Retter selbst in den Stromkreis zu geraten. Eventuelle Hilfsmittel müssen auf elektrische Isolation begutachtet werden. Also nur trockene Werkzeuge und Hilfsmittel (Seile, Latten, Einreißhaken zum Wegziehen des Verunglückten) verwenden. Das gilt auch für die PSA, also trockene Handschuhe und keine anderen ungeschützten Körperteile. Ist keine sofortige vollständige Trennung aus dem Stromkreis möglich, sollte man versuchen, den vermuteten Strompfad zumindest „verträglicher" zu machen, d.h., z.B. eine gefährliche Durchströmung an der Brust sollte durch Wenden in eine wesentlich günstigere durch den Rücken erzwungen werden *(vgl. Tab. 2.4/2)*.

Bei Hochspannungsunfällen – auch z.B. auf Eisenbahnwaggons nach Kontakt mit der Oberleitung – ist die Rettung abzulehnen, wenn kein Fachpersonal zur Beratung und Unterstützung bereitsteht bzw. die Abschaltung, Erdung und Sicherung gegen Wiedereinschaltung nicht gewährleistet ist.

Sind die Verunglückten aus dem Bereich der elektrischen Gefahr befreit, ist die Hilfe nach bekanntem Szenario durchzuführen. Stromunfälle müssen immer in ärztliche Behandlung gebracht werden, weil Nachwirkungen über Stunden und Tage nicht ausgeschlossen sind.

Stromverunfallte mit brennender Kleidung sind aus sicherem Abstand zu löschen. Optimales Löschmittel ist hier reines Wasser, notfalls auch Handfeuerlöscher, Decken (aber keine leicht brennbaren Kunststofftextilien) usw.

Wollen die Verunglückten weglaufen, ist das wirksam zu verhindern.

Brennende Personen sind schnell zu löschen, das hat Vorrang! Dabei tritt die Löschmittelauswahl in den Hintergrund. Zur unbedingten Übergabe an den Rettungsdienst gibt es keine Alternative.

3 Elektrische Geräte der Feuerwehr

Man kann die Geräte und Werkzeuge einteilen in:

- Geräte, welche auf spezifische Normen oder Ausführungen für die Feuerwehr (und in Anlehnung anderer Organisationen) zurückzuführen sind,
- Geräte üblicher Verwendung mit entsprechender Bau- und Prüfvorschriften, die den Einsatzzweck mit beinhalten und
- die immer stärker in Betracht kommenden akkubetriebenen Geräte und Werkzeuge.

Darüber hinaus sind hier auch Komponenten für die Nutzung elektrischer Geräte zu verstehen (Stecker, Leitungen usw.).

3.1 Geräte und Elektrowerkzeuge mit spezieller Normung oder Ausführung für Feuerwehr und vergleichbare Organisationen

In dieser Gerätegruppe kann man davon ausgehen, dass dem Sicherheitsbedürfnis und der Notwendigkeit hoher Schutzstandards besonders Rechnung getragen wird. Die Standards sind vielfältig und davon abhängig, auf welchem Spannungsniveau der Betrieb (oder die Ladung) erfolgt.

Die wesentlichen speziellen Feuerwehrnormen sind:

- DIN 14425 Tragbare Tauchmotorpumpen mit Elektrontrieb
- DIN 14642 Handscheinwerfer mit Fahrzeughalterung, ex-geschützt
- DIN 14644 Arbeitsstellenscheinwerfer für Kleinspannung
- DIN 14649 Ex-geschützte Leuchten für Einsatzkräfte
- DIN 14660 Entwurf Personenschutzeinrichtungen 230/400 V/16 A *(Anm. in Kap. 2.2)*
- DIN 14679 Ladegeräte für Erhaltungsladung – auch für Zusatzbatterien
- DIN 14680 Leitungsroller
- DIN 14683 Stativ, ausziehbar *(Anm. in Kap. 4.4)*
- DIN 14685 Tragbare Stromerzeuger
- DIN 14686 Schaltschränke für festverbaute Stromerzeuger in Fahrzeugen
- DIN 14687 Fest verbaute Stromerzeuger < 12 kVA in Fahrzeugen

- DIN 14690 Steckvorrichtungen Stecker/Dose Kleinspannung max. 42 V/ 16 A
- DIN 14691 Steckvorrichtungen mehrpolig
- DIN 14885 Feuerwehr-Elektrowerkzeugkasten

In vielen weiteren Normen (z.B. zu den Lösch- oder Rüstfahrzeugen) finden sich weitere Hinweise z.B. zur Einspeisung bzw. zu eingebauten Stromerzeugern (vgl. auch Einsatzfahrzeuge – Typen, Cimolino/Zawadke, 2005, im Rahmen der Buchreihe Einsatzpraxis).

Bei Netzgeräten sind die Schutzklasse und ggf. Betriebsdauer (Dauerbetrieb, Kurzzeitbetrieb) zu beachten *(vgl. Kap. 2.3)*.

Zwar sind Elektrowerkzeuge wie Winkelschleifer, Bohrhämmer, elektrische Kettensägen usw. (auch auf Empfehlung der UK) häufig mit längerem und robusterem Netzanschlusskabel und Stecker IP67 ausgerüstet, womit aber keinesfalls der Schutzgrad des Gerätes selbst erhöht wird. „Handgeführte Elektrowerkzeuge" genügen i.d.R. nur dem Schutzgrad IP20 *(vgl. dazu auch Tab. 2.3/1)*! Obwohl diese Werkzeuge heute fast ausschließlich auch der Schutzklasse 2 (schutzisoliert) entsprechen, ist damit der gefahrlose Betrieb im Freien bei Regen oder in Hochwasserlagen sowie bei überfluteten Kellern nicht selbstverständlich gegeben. Weitere Hinweise unter Kap. 4.2.

Grundsätzlich sollten Geräte der Feuerwehr nur an feuerwehreigenen Stromquellen betrieben werden. Ist die Nutzung öffentlicher/privater Netze an der Einsatzstelle unumgänglich, sind die Entnahmepunkte auf richtige Spannungshöhe und Verschaltung (insbesondere Potenzial des Schutzleiters) zu prüfen! Der Anschluss von Geräten erfolgt dann immer unter Vorschaltung eines Fehlerstromschutzschalters (Ortsveränderliche Fehlerstrom-Schutzeinrichtung (auch: Personenschutzstecker, PRCD) nach DIN VDE 0661-10)!

3.1.1 Für Feuerwehren genormte Akku- und Kleinspannungsgeräte

Bei den Geräten nach DIN 1464x handelt es sich um Akkugeräte mit kleiner gespeicherten Arbeit (Wh)[1] bzw. um Kleinspannungsleuchtmittel, welche an geeigneten Generatoren/Lichtmaschinen auch in Verbindung mit den Akkumulatoren von Fahrzeugen betrieben werden. Die Arbeitsstellenscheinwerfer nach DIN 14644 mit Steckzapfen werden heute häufig durch integrierte Nahfeldbeleuchtung bzw. fest installierte Lichtmasten ersetzt.

Das Gefahrenpotenzial ist hierbei gering, so dass auch Ausführungen in verschiedenen Ex-Schutzklassen verfügbar sind. Die Steckvorrichtungen nach DIN 14690 und 14691 kann man mit in diese Rubrik einordnen. Zu beachten ist lediglich, dass bei Kleinspannung die Stromstärke für höhere Leistung entsprechend groß wird und dass die Steckvorrichtungen (derzeitige Norm) hier deutliche Grenzen setzt.

Ladetechnik (z.B. DIN 14679) soll hier nicht behandelt werden. Sie finden dazu umfangreiche Hinweise im Buch Einsatzfahrzeuge – Technik, CIMOLINO/ZAWADKE, 2005 im Rahmen der Buchreihe Einsatzpraxis.

3.1.2 Tauchmotorpumpe DIN 14425 und verwandte Schmutzwasserpumpe

Der Schutzgrad für die Tauchpumpe ist IP68[2] mit 3 bar Außendruck. Es ist zu bedenken, dass eine Tauchpumpe im Schlürf- oder Trockenbetrieb sehr warm werden kann. Wird sie dann im kalten Wasser untergetaucht, entsteht zwischen dem Inneren und dem Wasser ein höheres Druckgefälle, als es die Eintauchtiefe erwarten ließe. Es ist ratsam, die Eintauchtiefe nicht größer zu machen, als es erforderlich scheint.

Tauch- und Schmutzwasserpumpen sind überwiegend in Schutzklasse 1 (Schutzerdung, *s. Abb. 2.3/5*) ausgeführt. Für den sicheren Betrieb ist deshalb ein Schutzleiter (im besonderen Falle bei schutzisoliertem Generator Potenzialausgleichsleiter genannt) nötig.

---

[1] Die Gefahr aus einem Akku ergibt sich aus der gespeicherten Arbeit ($W = U \cdot I \cdot t$) d.h. „V · Ah“ oder „Wh“.

[2] Vgl. Tab. 2.3/1

Die Hinweise bei Nutzung anderer Energiequellen (PRCD s.o.) für Tauch- und Schmutzwasserpumpen sind hier zwingend!

Diese Anmerkungen sind deshalb so wichtig, weil es für die reine Funktion des Geräts völlig unerheblich ist, in welchen Zustand sich das Schutzleitersystem befindet. Dies führt immer wieder zu bedauerlichen Unfällen!

Die Pumpen sind mit Arbeitsleine zu sichern. Das Heben oder Ziehen am Netzanschlusskabel oder der Schlauchleitungen ist untersagt.

Einphasige Tauchmotorpumpen (TP 4-1) haben ein geringes Anlaufmoment. Deshalb kann es notwendig sein, diese mit einem axialen „Startruck“[1)] erst zum Anlauf zu bringen. Vor allem wenn sedimentreiches Wasser gefördert wurde, können beim Austrocknen die Gleitringdichtungen etwas festkleben. Genauso können kleine Kiesel das Laufrad behindern.

Hängt die Pumpe im Wasser, wird beim Anlaufen auch ein deutliches Wegdrehen bemerkbar sein. Das ist ein sicheres Zeichen für den Anlauf. Eine Pfeilkennzeichnung ist dazu auf der Pumpe angebracht.

Bei dreiphasigen (Drehstrom-)Pumpen ist das Anlaufmoment deutlich höher. Erfolgt hier kein Anlauf (sichtbarer „Startruck“), muss die Pumpe von der Spannungsquelle getrennt und auf Blockierungen untersucht werden.

Drehstrompumpen müssen immer an ein rechtsdrehendes Feld angeschlossen werden. Bei Fremdbezug des Stromes ist das an der Steckdose zu prüfen. Dazu sind neuzeitige zweipolige Spannungsprüfer (E-Werkzeugkasten) in der Lage, womit auch die zwingend erforderliche richtige Beschaltung von PE, N sowie L1 … L3 geprüft werden kann.

Schmutzwasser- und andere Pumpen haben teilweise Steckvorrichtungen mit Anzeige bei falschem Drehfeld.

---

1) Das heißt kurzes ruckartiges Bewegen (Drehen) in der Längsachse, aber NICHT mit einem Werkzeug durch das Sieb in die Pumpe fassen!

3.1.3 Leitungsroller DIN 14680 und Leitungsroller für industrielle Anwendung DIN EN 61316 mod.

Bei den Leitungsrollern sind zwei Bauformen für die Feuerwehren bzw. die Gefahrenabwehr gebräuchlich. Der Leitungsroller nach DIN 14680 besitzt Schleifringe, die ein Abrollen auch bei beidseitig gesteckten Steckvorrichtungen erlauben. Der Schutzgrad ist hier mit IP44 aber schlechter als der der Stecker und Steckkupplungen (IP67) für 230 V. Ein Eintauchen in Wasser ist damit nicht zulässig. Es lassen sich Leitungslängen von 50 m (A1) bis 100 m (A2) lagern (H07RN-F3G2,5). Für 400 V sind es max. 50 m (A1) bis 85 m (A2). A1 und A2 sind unterschiedliche Trommelbreiten (reine Wickelbreite: A1/A2 = 220/440 mm).

Der andere Leitungsroller ist modifiziert nach DIN 61316. Geändert ist die Leitung in H07RN-F3G2,5 und die Stecker bzw. Steckdosen in DIN 49443 bzw. ... 49442 (IP67). Damit sollte der Schutzgrad höher als der Grundzustand (IP54) ausfallen. Nachteilig ist natürlich, dass hier nicht mit angesteckten Verbrauchern abgerollt werden kann.

Für alle Leitungsroller gilt die Gesamtleitungslänge von 100 m bei 2,5 mm^2 Kupferquerschnitt. Das ergibt sich aus den Abschaltbedingungen unserer Stromerzeuger als Durchschnitt. Hierbei sind max. 1,5 Ω Schleifenwiderstand zulässig, in welchen der Potenzialausgleichsleiter einzubeziehen ist. Bei größeren Querschnitten könnte man die Gesamtleitungslänge entsprechend vergrößern, aber bei nur 1,5 mm^2 ist die Gesamtlänge auf 60 m zu verringern.

Abb. 3.1.3/1: Leitungsroller nach DIN 14680 (Foto: Truckenmüller, Düsseldorf)

Abb. 3.1.3/2: Leitungsroller nach DIN EN 61316 mit modifizierter Kupplung und Stecker in IP67 (Kabel: 50 m H07RN-F5G2,5) (Foto: Kögler)

3.1.4 Stative (DIN 14683) und Aufsteckzapfen (DIN 14640)

Stative sind unentbehrliche Helfer bei der Aufstellung von Scheinwerfern und sonstigen Leuchten im unwegsamen Gelände. Normstative für Arbeitsstellenscheinwerfer sind bis 1,8 m ausziehbar. Das ist nur für die Direktbeleuchtung an Arbeitsstellen ausreichend. Die Zusatzbeladung Beleuchtung nach DIN 14800-18:2011-11, Beiblatt 3, Beladungssatz C, verlangt für die Flutlichtscheinwerfer ausziehbare Stative auf mindestens 3,5 m. Lieferbar sind diese bis 4,8 m. Unbedingt zu beachten ist hier die Verspannung gegen Umfallen u.a. durch Wind. Über eine Aufnahmebrücke mit zwei Steckzapfen nach DIN 14640 können auch zwei Scheinwerfer auf ein Stativ montiert werden.

3.1.5 Generatoren, Schaltschränke, Schutzart gegen elektrischen Schlag

■ Generatoren und Peripherie

Generatoren zur Stromerzeugung werden bei der Feuerwehr bzw. anderen Gefahrenabwehrorganisationen i.d.R. direkt durch Verbrennungsmotoren angetrieben[1)]. Die Synchron- und Asynchrongeneratoren verlangen eine der Polpaarzahl entsprechende relativ konstante Drehzahl für die Gewährleistung der Frequenz (50 Hz). Das sind in der Praxis hier 3000 oder 1500 U/min. Bei Asynchrongeneratoren muss die Drehzahl um den lastabhängigen Schlupf (1 bis 5 %) höher liegen. Eine Besonderheit stellen die Invertergeneratoren dar, bei denen der eigentliche Generator Gleichstrom erzeugt (meist Synchrongenerator wie Drehstromlichtmaschine) und aus dem Gleichstromzwischenkreis die Wechselspannung 230 V erzeugt wird. Hier ist die Drehzahl nicht frequenzbestimmend und muss nur an die Belastung angepasst sein.

Für die Auswahl der Motoren kann die Tab. 3.1.5/1 herangezogen werden.

Obwohl Dieselmotoren bezüglich der Laufzeit Vorteile aufweisen, ist derzeit kein Stromerzeuger am Markt, der alle Forderungen der DIN 14685 einhält. Geräte bis 150 kg erreichen derzeit aber schon 6 kVA.

1) Es gibt auch noch andere Antriebsvarianten wie z.B. Zapfwellenantriebe o.Ä., wobei hier die Drehrichtung für rechtsdrehendes Feld zu beachten ist.

Tab. 3.1.5/1: Varianten und Eigenschaften der Antriebsmotoren tragbarer Stromerzeuger (Tabelle: Kögler)

Motor-art	Nenn-drehzahl 1/min [1]	Leistungs-gewicht	Ver-brauch	Lebens-dauer	Schall-leistung [2]
Otto	3000	++	o	o	+
	1500	nicht marktüblich			
Diesel	3000	+	+	++	–
	1500	o	++	++	o

++ sehr gut; + gut; o befriedigend; – wenig befriedigend

[1] Synchrondrehzahl, bei Asynchronmaschinen und Volllast ca. 5 % höher (Schlupf), bei Invertermaschinen nicht zutreffend, da hier Drehzahl lastabhängig

[2] Verbesserungen mit Zusatzdämmung möglich (Gewicht, Volumen, Preis beachten) auch Leerlaufdrehzahlabsenkung erhältlich (Nutzen?), bei Invertern lastabhängige Drehzahl

Abb. 3.1.5/1: Stromerzeuger nach DIN 14685-2 mit 3 kVA bei 54 kg (Foto: Endress)

Die Normung für tragbare Stromerzeuger ist mittlerweile durch die Normung für Leistungen auch unter 5 kVA (DIN 14685-2) ergänzt worden. Dadurch können Kleinfahrzeuge, die nur Beleuchtungsaufgaben und Eigenbedarf zur Stützung des Fahrzeugbordnetzes oder als separate Einspeisung für die Kommunikationstechnik benötigen, mit kleineren und leichteren Stromerzeugern beladen werden. Mit elektronischer und bürstenloser Erregung sind auch elektronische Lasten betreibbar. Daneben gibt es in dieser Leistungsklasse auch Inverterstromerzeuger mit lastabhängiger Drehzahl und 12-V-Ausgang. Die Gleichspannung kann am Zwischenkreis zusätzlich für eine Akkuaufladung abgegriffen werden. Bei dieser Bauart sind besonders geringe Schallemissionen möglich.

Die breite Gruppe der tragbaren Stromerzeuger ≥ 5 kVA haben jetzt der DIN 14685-1 zu entsprechen. Diese Stromerzeuger sind heute bis 14 kVA in Verwendung. Das maximale Gewicht darf dabei 150 kg nicht überschreiten. Die Tragfähigkeit durch vier FA ist zu gewährleisten. Da die einphasige Belastung hier mind. 3,7 kVA betragen muss, wird bei Maschinen unter 10 kVA eine

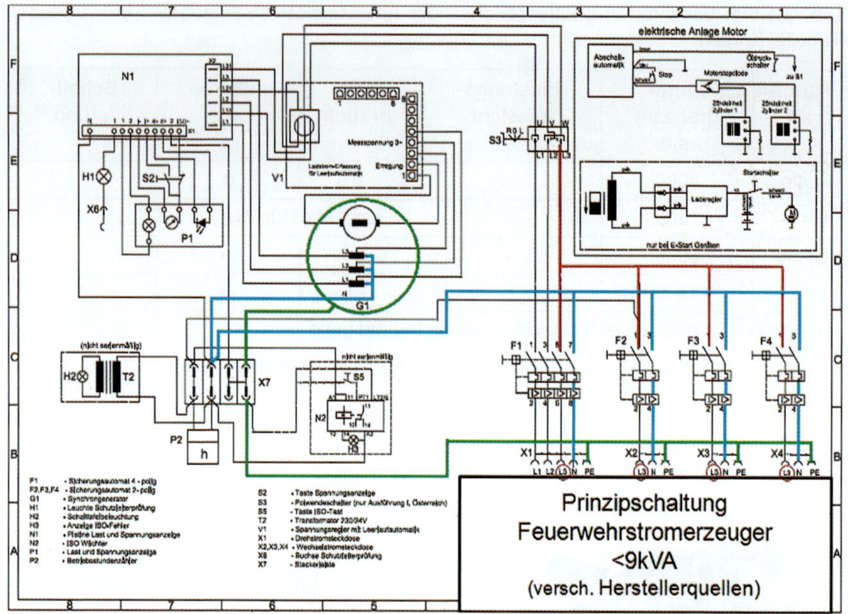

Abb. 3.1.5/2: Stromlaufplan der 230-V-Anschlüsse bei Stromerzeugern < 9 kVA (Grafik: Kögler)

Phase verstärkt ausgeführt, d.h., alle drei geforderten 230-V-Steckdosen liegen am gleichen Generatorausgang. Die Nennleistung bei 400 V ist nicht die dreifache Einphasenleistung!

Durch die Forderung nach immer größerer Leistung entwickelt sich das Gewicht der Stromerzeuger immer mehr in Richtung des zulässigen Gewichts von 150 kg. Zur leichteren Handhabung werden teilweise Entnahmehilfen geschaffen, auf der anderen Seite wird auch die Möglichkeit zu einer besseren Schalldämmung genutzt.

Die Auswahl von Generatoren sollte sehr gewissenhaft erfolgen, da ungeeignete Generatoren nicht nur das Einsatzziel gefährden, sondern auch die Betriebsmittel zerstören können und auch selbst gefährdet sind, wenn die Regelgrenzen überschritten werden. Die Tab. 3.1.5/2 soll bei der Auswahl der Generatoren unter Berücksichtigung des Verwendungszwecks helfen.

Rein ohmsche Verbraucher (Glüh-, Halogenlampen, Heizgeräte usw.) stellen für alle Arten von Stromerzeugern kein Problem dar. Der hohe Einschaltstromstoß von Glühlampen *(vgl. Kap. 3.2.1)* erzeugt allerdings einen kurzen

Abb. 3.1.5/3: Entnahmehilfe mit 8-kVA-Stromerzeuger (Foto: Witzgall, Lichtenfels-Weingarten)

Abb. 3.1.5/4: Schallgedämmter 13-kVA-Stromerzeuger (Foto: Ziegler)

Tab. 3.1.5/2: Varianten und Eigenschaften der Generatoren tragbarer Stromerzeuger (Tabelle: Kögler)

Bauart	Überlast und Anlaufstrom	Schieflasttauglichkeit	Für induktive Verbraucher	Für elektronische Verbraucher [1]	Spannungsbereiche	Schutzgrad üblich [2]
Asynchron mit Kond.-Regelung	–	–	o	–	230/400 V	IP54
Synchron mit Kond.-Regelung	+	[3]	+	–	230 V	IP23
Synchron mit Compoundregelung	++	–	++	–	230/400 V	IP23
Synchron mit Inverter	+	[3]	+	++	230 V	IP23
Synchron mit elektron. Regelung	++	++	++	++	230/400 V	IP54

++ sehr gut; + gut; o bedingt geeignet; – ungeeignet

[1] mit kapazitiver Blindlast
[2] höhere Schutzgrade sind vereinbar mit Mehraufwand
[3] nicht zutreffend, da nur einphasig üblich

kräftigen Spannungsabfall, der andere Verbraucher stören kann. Zu den ohmschen Verbrauchern kann man auch die Elektrowerkzeuge zählen, da diese einen cos φ nahe 1 haben.

Induktive Verbraucher sind alle anderen Motoren, insbesondere die Asynchronmotoren, egal ob ein- oder dreiphasig. Dazu gehören die Tauch- und Schmutzwasserpumpen, aber auch die Vorschaltgeräte klassischer Gasentladungslampen (HQL, HQI, HMI oder Na-Dampf oder die klassische „Leuchtstoffröhre") sind stark induktiv belastend.

Bei allen elektronischen Vorschaltgeräten muss man mit kapazitivem Blindstrom rechnen. Dazu gehören „Energiesparlampen", elektronische Netzteile, LED-Leuchtmittel an 230 V, moderne Vorschaltgeräte für Gasentladungslampen *(vgl. Abb. 2.2/2)*. Die kapazitive Belastung stellt den kritischsten Lastfall dar und sollte bei größeren Beleuchtungsanlagen durch genügend induktive Verbraucher gegenkompensiert werden.

Neben der Blindleistung, die der Generator aufnehmen können muss, ist auch zu beachten, wie eine unterschiedliche Belastung der Einzelphasen auf die jeweiligen Ausgangsspannungen wirkt. Man bezeichnet das auch als Schieflasttauglichkeit. Die klassische Compoundregelung älterer Baumuster hat hier kaum gute Regeleigenschaften, was zu Spannungsanstiegen in den weniger belasteten Phasen führt und dort die Betriebsmittel durch Überspannung schädigen kann.

Fest eingebaute Stromerzeuger gibt es im Bereich 230 V mit bis zu 12 kVA nach DIN 14687. Damit sind die allgemein unter den Namen „Dynawatt" bekannten Stromerzeuger zu verstehen. Das Funktionsprinzip entspricht den tragbaren Invertergeneratoren ggf. verbunden mit vergrößerten oder mehreren Lichtmaschinen. Über einen separaten Generator am Fahrzeugmotor wird eine Gleichspannung erzeugt, welche durch einen DC/AC-Wandler auf 230 V transformiert wird. Auch hier braucht die Motordrehzahl nicht konstant zu sein, da die Frequenz elektronisch erzeugt wird. Das ist hier besonders zu erwähnen, da so die Motordrehzahl ganz für den eventuellen Pumpenbetrieb variierbar ist. Allerdings ist dann eventuell kein richtiger „Leerlauf" mehr möglich und die Pumpe muss anders gedrosselt oder öfter ausgekuppelt werden. Derzeit gibt es noch keine ökonomischen Lösungen für die elektronische Erzeugung von Drehstrom 400 V. Hier ist der externe Stromerzeuger noch wesentlich günstiger.

Grundsätzlich ist zu beachten, dass nicht alle Fahrzeugtypen bzw. deren Motorisierungsvarianten für den Einbau solcher Stromerzeuger geeignet sind.

Großfahrzeuge mit Drehstrombedarf hoher Leistung (RW) müssen mit eingebauten und vom Fahrzeugmotor angetriebenen Generatoren ausgerüstet sein. Bei den alten LF 24 und in den Anfangsjahren der HLF wurde das häufig versucht, wobei aber hier die Gesamtmasse ansteigt und Schnittstellenproblematik zur Pumpe ggf. teure hydraulische Antriebe verlangt. Es ist ratsamer, die „Arbeitsteilung" von Fahrzeugen beizubehalten. Heutige HLF haben daher auch aufgrund der Probleme mit den unterschiedlichen Nebenantrieben (Pumpe neben Stromerzeuger und ggf. noch Seilwinde) eher wieder mehr den „Trend" zu tragbaren Generatoren, häufig schallgedämmt und z.T. mit Fernbedienung[1)] vom Pumpenbedienstand, Details dazu vgl. im Buch Einsatzfahrzeuge – Typen, Buchreihe Einsatzpraxis, CIMOLINO/ZAWADKE, 2005.

Diese fest eingebauten Generatoren, z.B. in den Rüstwagen, sind ausschließlich große Synchrongeneratoren. Feuerwehrkonform genormt ist eigentlich nur die Schnittstelle über den Schaltkasten nach DIN 14686, der sich im Aufbau von außen bedienbar befindet.

Abb. 3.1.5/5: Heckansicht mit Lichtmast RW der Feuerwehr Pirna (Foto: Neumann, KBM SOE)

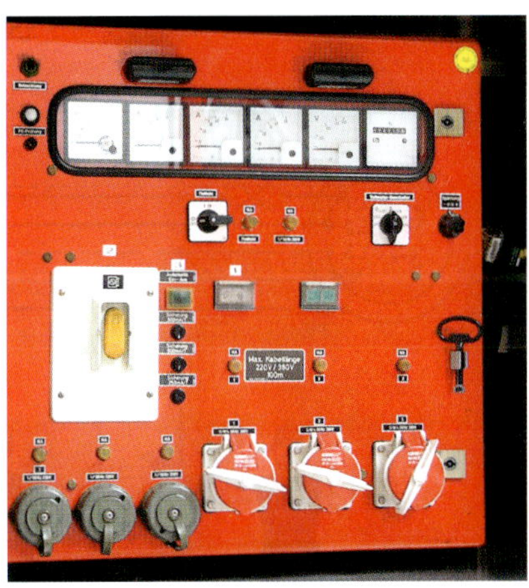

Abb. 3.1.5/6: Schaltkasten nach DIN 14686 (Foto: Neumann, KBM SOE)

[1)] Beachten Sie hier unbedingt die Probleme mit der Kraftstoffkontrolle, Erwärmung des Stromerzeugers im Aufbau (sofern er nicht ausgezogen wird), Stauwärme dort, Ansaugung von Abgasluft usw.

Die Instrumentierung mit Frequenzmesser, drei Strommessern und einem Spannungsmesser, der sich auf die Phasen umschalten lässt sowie einem Betriebsstundenzähler ist vorgegeben. Diese Stromerzeuger sind normativ mit Isolationswächtern vorgeschrieben. Dabei muss eine Steckdose als Notsteckdose betriebsfähig bleiben und ist so zu kennzeichnen, dass dort nur ein Betriebsmittel angesteckt wird.

■ Schutzmaßnahmen an Generatoren und Peripherie

Feuerwehrstromerzeuger und die daraus erzeugten „Netze" sind grundsätzlich aufgebaut in der Schutzart: Schutztrennung (IT-Netz) mit Potenzialausgleich (DIN VDE 0100-410). Die Schutztrennung wird im Generator dadurch erreicht, dass der Sternpunkt des Generators keine Verbindung zum PE (Potenzial Erde) hat. Damit ist auch keine Durchströmung bei einpoliger Berührung über die Erde möglich, selbst wenn das Generatorgehäuse Erdverbindung hat. Das lässt sich in Abb. 3.1.5/7 nachverfolgen. Schutztrennung erlaubt aber nur den Anschluss eines Betriebsmittels, denn werden zwei Betriebsmittel fehlerhaft, ist ein Strom zwischen beiden möglich, wenn der Benutzer in den Stromkreis gerät.

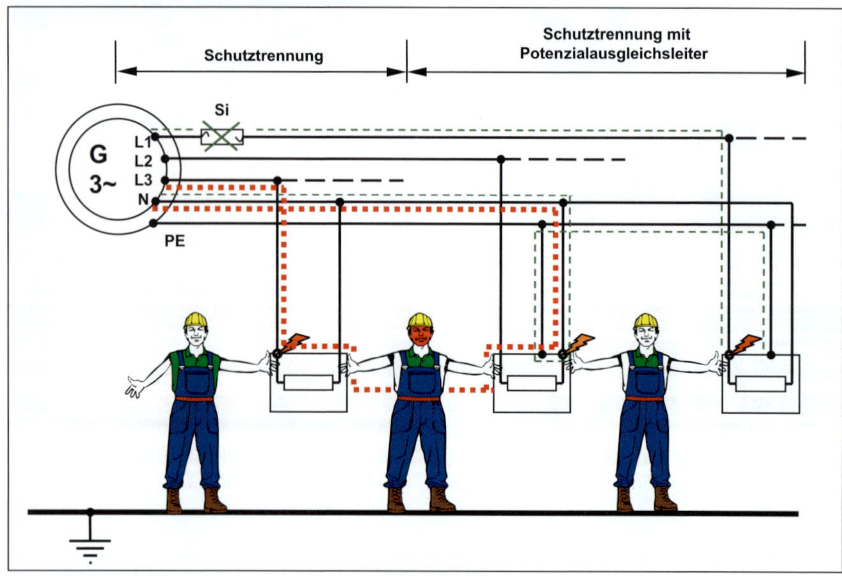

Abb. 3.1.5/7: Skizze zur Schutzphilosophie Schutztrennung mit Potenzialausgleich (Grafik: Kögler)

Die linke Person ist geschützt, obwohl das Betriebsmittel ohne Schutzleiteranschluss einen Körperschluss hat. Der Strom kann nicht über Erde zu einem aktiven Teil des Generators zurückfließen. Die mittlere Person berührt sowohl das erste als auch ein weiteres fehlerhaftes Betriebsmittel. Da die Fehler der Geräte auf unterschiedlichem Potenzial liegen, schließt die Person den Stromkreis mit einem lebensgefährlichen Körperstrom! Das ist hier deshalb möglich, weil das erste Betriebsmittel keinen Potenzialausgleichsleiter hat, also ein Gerät mit Schutzisolation ist. In der Realität ist so ein Fehler fast unmöglich, hier soll aber das Prinzip verständlich gemacht werden und so wäre es, wenn es den Potenzialausgleichsleiter nicht gäbe (also bei reiner Schutztrennung). Die rechte Person befindet sich eigentlich in gleicher Lage (Berührung zweier fehlerhafter Betriebsmittel mit unterschiedlichem Potenzial), nur hat hier der Potenzialausgleichsleiter (PE) über den jetzt grün gestrichelten Stromkreis die Sicherung (Si) bereits zum Auslösen gebracht und den Stromkreis getrennt.

Der Einfachheit halber wurde auf die Darstellung weiterer Sicherungen in Abb. 3.1.5/7 verzichtet. Um aber weitere Fehler auszuschließen, sind die Stromkreise mit zwei- bzw. vierpolig abschaltenden Sicherungen ausgestattet *(s. Abb. 3.1.5/2)*.

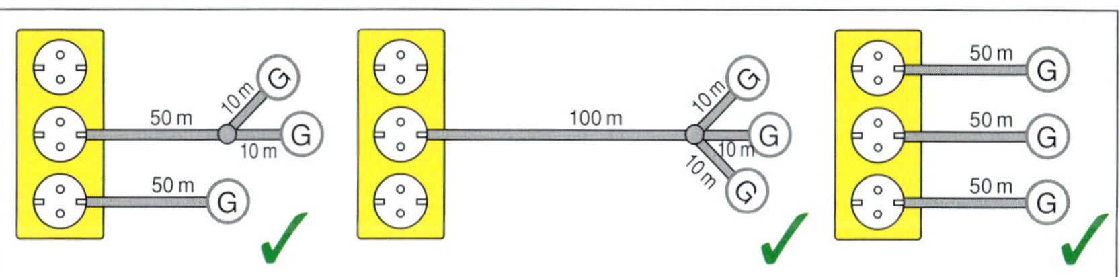

Abb. 3.1.5/8: Beispiele für zulässige Netzbildung bei 2,5 mm^2 Kupferleitung (Grafik: Kögler)

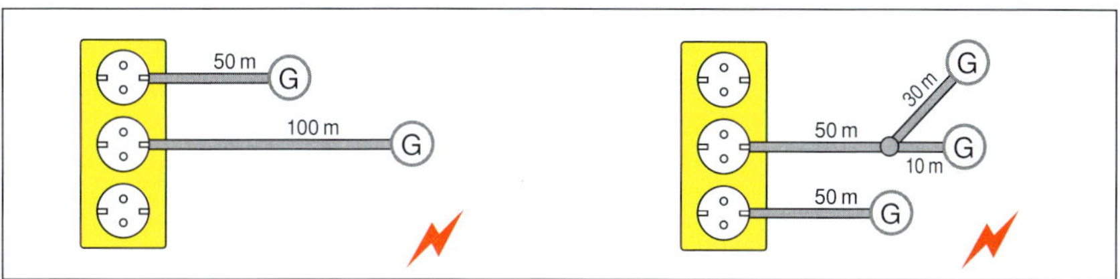

Abb. 3.1.5/9: Beispiele für unzulässige Netzbildung bei 2,5 mm^2 Kupferleitung (Grafik: Kögler)

Damit die Auslösung erfolgen kann, darf der höchstzulässige Schleifenwiderstand nicht überschritten werden, woraus die max. 1,5 Ω bzw. 100 m bei 2,5 mm^2 Kupferleitung geschlussfolgert sind.

Werden andere Leitungsquerschnitte verwendet, ist die zulässige Gesamtleitungslänge so umzurechnen:

$$l_{\text{zulässig}} = \text{vorhandener } A / 2{,}5 \cdot 100 \text{ m}$$

Beispiel:

Es wird ein Leitungsquerschnitt von 6 mm^2 verwendet:

$$l_{\text{zulässig}} = 6 / 2{,}5 \cdot 100\ m = 240\ m$$

Muss diese Grenze überschritten werden, sind Stromerzeuger mit Isolationsüberwachung einzusetzen. Hier wird der Widerstand des erdfreien PE gegen die aktiven Teile des Generators permanent gemessen.

Generatoren für die Feuerwehr (DIN 14685) haben eine einfache Prüfeinrichtung für den Schutzleiter der von diesem betriebenen Leitungen und Geräten, in Abb. 3.1.5/2 mit „H1“ bezeichnet. Diese Prüfung kann nicht den wirklichen Widerstand messen und ist deshalb kein Ersatz für die Wiederholungsprüfung an elektrischen Geräten nach DIN VDE 0702, aber eine Pflichtprüfung nach jedem Einsatz, um aufgetretene Störungen schnellstmöglich zu erkennen. Die Ausführung erfolgt nach der Bedienungsanleitung der Stromerzeuger.

Stromerzeuger der Feuerwehr und übliche Steckverbindungen der Feuerwehr sind nicht ex-geschützt. Ex-geschützte Geräte (z.B. für den ABC-Einsatz) sind entsprechend technisch ausgeführt und ausgestattet. In einer potenziell ex-gefährdeten Atmosphäre dürfen nur diese verwendet werden. Eine Erdungsproblematik der Stromerzeuger ergibt sich hierbei auch nicht, da diese außerhalb des Ex-Bereichs aufgestellt werden müssen. Erdung und Potenzialausgleich ergibt sich zwischen Arbeitsmittel und Arbeitsgegenstand. Der Generator wird über den Potenzialausgleichleiter auf gleiches Potenzial gebracht.

■ Stromerzeuger als Netzersatzanlagen

An Stromerzeuger für Netzersatzanlagen werden sehr hohe Leistungsanforderungen gestellt. Diese Aggregate sind nicht mehr für die Feuerwehr genormt, sie müssen den Ansprüchen der EVUs genügen. Es ist schwierig einzuschätzen, welche Netzersatzlast erzeugt werden muss. Gerade bzgl. Anlauf- und Oberschwingungsströme, Blind- oder Schieflast gerät man ins Unbekannte und ist unbedingt auf Beratung mit Netzbetreibern oder Objektverantwortlichen angewiesen.

Bei der Einspeisung kann man keine Schutztrennung mit Potenzialausgleich mehr realisieren. Es muss zwangsläufig davon ausgegangen werden, dass das zu speisende Netz trotz des Versorgungsausfalls einen Erdbezug hat, als TN- oder TT-Netz betrieben wird. Beide Netzformen haben einen geerdeten Sternpunkt. Alle Feuerwehrstromerzeuger, auch die fest eingebauten, wie im RW, zielen auf ein IT-Netz und haben somit keinen geerdeten Sternpunkt und auch keinen direkten Zugang zu diesem. Die Überstromabschaltung erfolgt ja allpolig *(vgl. Abb. 3.1.5/2)*. Damit ist eine Notstromeinspeisung mit diesen Generatoren nicht netzkonform und abzulehnen. Das sagt auch der Verband der Netzbetreiber (VDN).

Die Alternativ(Not-)stromeinspeisung erfolgt nach DIN VDE 0100-551. Es muss in jedem Einzelfall am Objekt überprüft werden, inwieweit eine sichere Einspeisung auch mit kleinen Stromerzeugern möglich ist. Das betrifft insbesondere die Erdungs- und Potenzialausgleichseinrichtungen (Haupterdungsschienen). Für den Schutz gegen indirektes Berühren ist ein RCD mit max. 30 mA Auslösestrom vorzusehen.

Auf jeden Fall muss die Schieflastfähigkeit bei dreiphasiger Einspeisung gegeben sein, was bei kleinen Maschinen häufig nicht ausreichend vorhanden ist. Alternativ kann eine einphasige Einspeisung zur Anwendung gebracht werden.

Der Neutralleiter (N) des öffentlichen Netzes ist mit abzuschalten (vierpoliger Umschalter). Damit werden auch induzierte Stoßspannungen durch Blitzeinschläge vom Objekt ferngehalten.

Im Betrieb ist auf jeden Fall eine Potenzialanhebung des Neutralleiters gegen Erde bei Kurzschluss (ein- oder zweiphasig) zu verhindern. Damit wird eine feste Verbindung des N mit der Haupterdungs- oder Potentialausgleichschiene erforderlich, als Quasi-TN-S-Netz. Das Generatorgehäuse ist ebenfalls zu erden, vorteilhaft auch an der Haupterdungs-(Potenzialausgleich-)schiene (vgl. DIN VDE 0100-551)[1)].

[1)] Für Einspeisung in Fahrzeuge (und mobile Baueinheiten) gilt DIN VDE 0100-717.

Abb. 3.1.5/10: Großstromerzeuger des Katastrophenschutzes der Feuerwehr und des THW (Foto: Cimolino)

Abb. 3.1.5/11: Stromerzeugeranlage 400 kVA/400 V, transportabel, 700 Liter Tankvolumen, Fernüberwachung, Fernstart und Synchronisiereinrichtung (Foto: Becker, Witten)

3.2 Sonstige Geräte

3.2.1 Scheinwerfer, Beleuchtungseinrichtung

Der meistverbreitete und sicher auch immer noch vorrangig beschaffte Scheinwerfer der Feuerwehren ist der Flutlicht-Halogenscheinwerfer 1000 W. Selbst wenn hier mit 22 Lumen pro Watt (lm/W) die heute wichtige Energieeffizienz im untersten Bereich liegt, spielt das aufgrund der geringen Einsatzdauer bei Feuerwehren bzw. der Gefahrenabwehr nur eine untergeordnete Rolle. Bedenklicher ist die Ressourcenauslastung bei kleinen Stromerzeugern.

Die Vorteile liegen in der einfachen Konstruktion, bei geringem Gewicht, einfacher und verständlicher Betriebsweise (keine Vorschaltgeräte) und Wartung. Die Halogenscheinwerfer haben eine recht ausgeprägte Richtwirkung *(vgl. Kap. 4.4)*, mit der auch vom Mast weg gute Beleuchtungsstärken erreichbar sind.

Als Spritzwasserschutz ist IP54 gefordert und es gibt Anbieter, die auch Scheinwerfer bis IP66 liefern.

Der wegen der schlechten Lichtausbeute hohe IR-Anteil kann auch vorteilhaft zu Wärmespenderzwecken bei verunfallten Personen als auch zum Auftauen im Winter benutzt werden. Gegen die Blendwirkung wirkt ein Augenschutz mit Sonnenbrille. Verhindern muss man auf jeden Fall die Berührung der Schutzscheibe. Diese wird über 500 °C heiß und führt schnell zu schmerzhaften Verbrennungen.

Diesem Umstand ist auch eine gewisse Nachkühlzeit nach Einsatzende geschuldet, wodurch der Abbau dann natürlich im Wesentlichen in der Dunkelheit realisiert werden muss.

Die Leuchten sollten nacheinander in Betrieb genommen werden, um den Anlaufstrom auf das notwendigste Maß zu begrenzen:

Beispielrechnung:

Der Widerstand des Glühwendels eines 1000-W-Halogenscheinwerfers beträgt im Betrieb:

$R = U^2 / P = 230\ V \cdot 230\ V / 1000\ W = 53\ \Omega$

Der dazugehörige Nennstrom: $I = U / R = 230\ V / 53\ \Omega = 4{,}3\ A$

Die kalte Lampe hat bei 20 °C einen Widerstand von (Wolfram s. Tab. 2/1):

$R_{20} = R_w / 1 + \alpha \cdot \Delta T = 53\ \Omega / (1 + 0{,}0041\ K^{-1} \cdot 2980\ K) = 4\ \Omega$

Der Einschaltstrom liegt bei einer starren Stromquelle somit bei:

$I_{ein} = 230\ V / 4\ \Omega = 57\ A$, *also 13-fach höher als der Nennstrom!*

Natürlich wird dieser nicht zum Fließen kommen, da der Generator dafür 13 kW auf dieser Phase aufbringen müsste. Es wird die Spannung soweit einbrechen, bis ein Gleichgewicht aus Bedarf und Leistungsvermögen erreicht ist. Bei Induktionsmotoren (Tauchpumpen) muss man mit ca. 4-fachem Anlaufstrom rechnen. Die Generatoren vertragen den Stromstoß. Der damit verbundene Spannungseinbruch ist aber für Hochdruckgasentladungslampen ungünstig, weil diese verlöschen und erst wieder starten, wenn der Druck durch Abkühlung abgesunken ist. Man könnte also damit einige Minuten im Dunklen stehen.

Der Trend geht auch bei den Feuerwehren zu höheren Beleuchtungsstärken, was bei endlicher Generatorleistung über Leuchtmittel und Lampen höherer Lichtausbeute zu erreichen geht.

Bei den Scheinwerfern setzen sich verschiedene andere Leuchtmittel langsam durch. Eine schon sehr günstige Alternative ist die Xenon-Technologie aus dem Kfz-Bereich. Durch die massenhafte Verbreitung werden die Leuchtmittel und Vorschaltgeräte immer günstiger. Vor allem die Möglichkeit, solche Scheinwerfer auch über Akkumulatoren (12/24 V) zu betreiben, verbreitert den Einsatzbereich. Man kann somit fest installierte Lichtmasten an Fahrzeugen über das Bordnetz betreiben und hält den Stromerzeuger für andere Anwendungen frei. Grundsätzlich hat das natürlich Auswirkungen auf die Energiebilanz der jeweiligen Fahrzeuge (vgl. Einsatzfahrzeuge – Typen, Buchreihe Einsatzpraxis, CIMOLINO/ZAWADKE, 2005). Je nach Fahrzeug und Auslastung kann dann z.B. eine automatische Drehzahlerhöhung notwendig werden, damit die Lichtmaschine ausreichend Strom erzeugt.

Die Leistungsaufnahme beträgt typisch 35 W (andere möglich) und unter Einberechnung der Verlustleistung des Vorschaltgerätes ergibt das 42 W Gesamtlast/Leuchtmittel bei einem Lichtstrom von 3200 lm (76 lm/W). Es soll zumindest erwähnt werden, dass diese Leuchtmittel derzeit i.d.R. noch etwas Quecksilber enthalten.

LED-Leuchtmittel sind stark in Verbreitung und werden sicher in der Zukunft maßgeblich die Scheinwerfer- und Beleuchtungstechnik bestimmen. Derzeit liegt die Effizienz noch etwas unter den Gasentladungslampen (ca. 65 lm/W). Besonders muss hier hervorgehoben werden, dass LED-Halb-

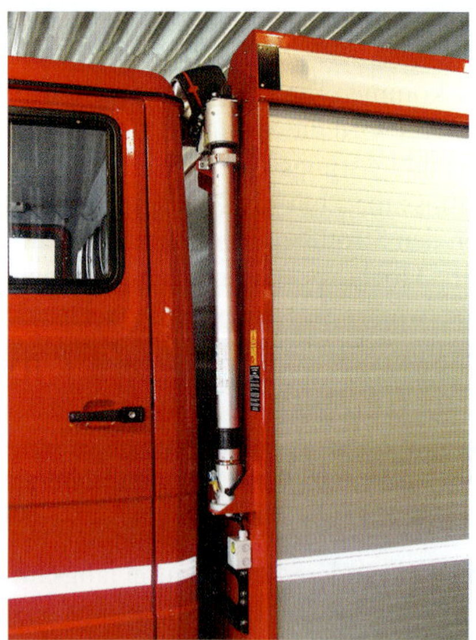

Abb. 3.2.1/1a und b: Pneumatischer Lichtmast mit Xenon-Leuchten an einem TSF-W (Fotos: Kögler)

Abb. 3.2.1/2: Powermoon für Stativmontage und Lichtmastanhänger im Vergleich (Foto: Truckenmüller, Düsseldorf)

leiterstrukturen eine obere Grenztemperatur von ca. 150 °C haben, die nicht überschritten werden darf und auch die Lichtausbeute ohne Zusatzkühlung einschränkt. Auch LED brauchen Vorschaltgeräte, welche heute praktisch immer kapazitive Blindströme und Oberwellen erzeugen *(vgl. Abb. 2.2/2)*.

Als weitere Flutbeleuchtung erfreut sich der „Powermoon" einer immer größeren Verbreitung. Eine textile Kugel in der oberen Hälfte spiegelnd beschichtet und nach unten diffus durchscheinend schafft ein gestreutes Licht auf größerer Fläche und dadurch weniger Blendwirkung. Allerdings ist die Lichtverteilung radial um den Aufhängepunkt und so wenig ausrichtbar.

Als Leuchtmittel können alle gängigen Hochleistungstypen verwendet werden. Dabei ist auch eine Mehrfachbestückung möglich, z.B. Halogenglüh- und Dampflampen, um die Problematik der Wiederzündung zu entschärfen.

Für die Leuchtmittel kann man folgende Richtwerte annehmen:

- HQI (Quecksilber-Dampf): 75 lm/W
- HMI (Halogen-Metall-Dampf): 100 lm/W
- Na-Dampf (Hochdruck): 150 lm/W; Niederdruck (Straßenlampen): 110 lm/W

Alle Dampflampen brauchen Vorschaltgeräte, die dann wegen dem Gewicht auf dem Boden stationiert werden müssen und steckbar zur Leuchte sind. Hier kann es durch Restladung der Kompensationskondensatoren zu kleinen elektrischen Schlägen kommen. Auf die Problematik elektronischer Vorschaltgeräte bzgl. Verträglichkeit mit kleinen Stromerzeugern wurde schon hingewiesen.

Es kommen auch immer größere Leuchtballons auf den Markt bis hin zur Luftschiffgröße. Diese werden mit Helium gefüllt und können als Fesselballon bis 100 m aufsteigen. Die Stromversorgung erfolgt von unten. Hier ist es schon wichtig, die Spannungsverluste und dreiphasige Einspeisung zu beurteilen, auch wegen des Gewichts der Zuleitungen.

3.2.2 Elektrowerkzeuge für Netzbetrieb

Elektrowerkzeuge sind unentbehrliche Helfer bei allen handwerklichen Arbeiten. Netzbetriebene Werkzeuge können auch als einphasiges („Lichtstrom") Gerät mit bis zu 3000 W ein Mehrfaches an menschlicher Arbeit verrichten. Durch permanente Energiezufuhr und meistens mit Auslegung auf Dauerbetrieb ist die Arbeitszeit nur durch den/die Benutzer begrenzt. Als typische Vertreter mit hohem Leistungsbedarf können Zweihandwinkelschleifer und Meißelhammer gelten. Auch Kettensägen, Lochkreissägen usw. gehören zu dieser Gerätegruppe.

Als beachtenswertes Problem muss erwähnt werden, dass ein Großteil der Elektrowerkzeuge bis auf wenige Ausnahmen nur den Schutzgrad IP20 haben! Das heißt, sie dürfen (eigentlich) nicht bei Regen im Außenbereich benutzt werden. Wobei hier eher die Gefahr besteht, dass das Werkzeug Schaden nimmt, da mit der intensiven Lüftung Wassernebel in den Motor gelangt. Können Elektrowerkzeuge ins Wasser fallen, sollte trotz Schutzisolation ein PRCD vorgeschaltet werden, der hier als Differenzstromschalter arbeitet. Ansonsten hat der FI oder PRCD keinen Sinn. Hochwertige Elektrowerkzeuge großer Leistung haben die Option zur Einschaltstrombegrenzung über elektronische Bausteine (Sanftanlauf).

Abb. 3.2.2/1: Zweihandwinkelschleifer (Foto: www.bosch.pt.com)

Abb. 3.2.2/2: Meißelhammer (Foto: www.bosch.pt.com)

3.2.3 Elektrowerkzeuge für Akkubetrieb

Bei Akkugeräten ist kaum mit Stromschlaggefahr zu rechnen, es sei denn, funktionsbedingt wird höhere Spannung aus dem Akku erzeugt. Ansonsten können Akkumulatoren bei internem Kurzschluss erhebliche Wärme entwickeln, in Brand geraten oder auch explodieren!

Akkugeräte dürfen nicht kurzgeschlossen und keiner hohen Wärme ausgesetzt werden!

Die moderne Lithium-Ionen-Technologie schafft heute eine beachtliche Leistungsdichte, was für überraschend viele Arbeitsaufgaben ausreichend ist. Außerdem wird über (auch geräteübergreifende) Wechselakkus und Schnellladesysteme eine fast ununterbrochene Arbeit möglich und auch eine größere Lagerzeit wird durch äußerst geringe Selbstentladung möglich. Die Geräteleistung kann natürlich die von Netzgeräten nicht erreichen und sollte auf kleinere Geräte wie Bohrschrauber, kleine Bohrhämmer, Säbelsägen und Schleifer begrenzt bleiben.

Als Nachteil muss die Kälteempfindlichkeit der Akkus genannt werden, was bei Lagerung im temperierten Fahrzeug bei der Feuerwehr geringeren Stellenwert besitzt.

Abb. 3.2.3/1: Akkuschrauber, Akkuhammer mit Zubehör und Akkuleuchte der BF Düsseldorf (Foto: Cimolino)

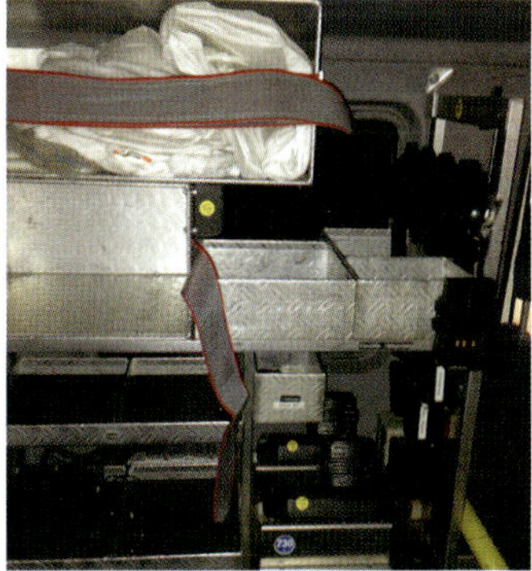

Abb. 3.2.3/2: Ladetechnik für Akkugeräte (Foto: Cimolino)

3.3 Hinweise und Bewertungshilfen zur Leistungsfähigkeit und Auswahl

Der jeweilige Generator und dessen mögliche Belastung müssen aufeinander abgestimmt sein. Auch wenn Spannungseinbrüche durch Einschalt- und Anlaufströme keine Schäden am Generator erzeugen, so gibt es Rückwirkungen, bei Motoren z.B. ein steil abfallendes Drehmoment, wodurch der Anlauf in Frage gestellt werden kann. Über induktive und kapazitive Last ist schon viel gesagt worden *(vgl. Kap. 2.2, 3.1.5 und 3.2.1)*. Bei den Stromerzeugern kann auch die Frage der Laufzeit/Tankfüllung bzw. Erwärmung (des kompletten tragbaren Generators oder fest installierten in einem Geräteraum, der ggf. davon getrennten Kraftstoffversorgung usw.) eine Rolle spielen.

Die Standardkraftstoffversorgung kann man heute optional auch bei jedem genormten Stromerzeuger über 3-Wege-Ventil und Kanisterbetrieb absichern. Dass Stromerzeuger mit Verbrennungsmotor Abgase erzeugen und nicht in geschlossenen Räumen[1)] betrieben werden dürfen, wird als bekannt angenommen. Bei der Auswahl steht natürlich die Leistung im Vordergrund, man muss aber auch die geforderte Mobilität berücksichtigen.

Bei den Scheinwerfern und Leuchten ist Einfachheit und Effizienz zu vergleichen. Ist die Ausleuchtung großer Flächen häufig erforderlich, sind effiziente Leuchtmittel empfehlenswert, dann aber meist auch mit speziellen Beleuchtungsanhängern einschließlich integrierter Stromerzeuger.

Der Powermoon erzeugt das meiste Licht um das Stativ, das muss nicht stören, aber nutzen wird es auch wenig. Nachteilig sind die fehlende Möglichkeit der Ausrichtung, die teilweise große Empfindlichkeit der Lampen und der hohe Preis.

Heliumballons sind mit hohen laufenden Kosten verbunden, weil man das Traggas nicht zurückgewinnen kann.

Werden die Leuchten bei Bränden eingesetzt, muss mit Wärmeexposition und Schmutzeintrag gerechnet werden. Hier haben LED und Powermoon gewisse Grenzen.

---

1) Das gilt grundsätzlich auch sinngemäß für Stromerzeuger in Aufbauten, außer man führt die Abwärme und Abgase zuverlässig ab.

Für Elektrowerkzeuge gilt: Immer wenn die Leistung und die gesicherte Betriebszeit als ausreichend eingeschätzt werden, sollten Akkugeräte bevorzugt eingesetzt werden. Da Einsatztätigkeit häufig im Freien stattfindet, ist so absolute Sicherheit gegenüber Stromschlag auch bei Regen oder Arbeiten in/am Wasser möglich. Es kann sich niemand mit dem Zuführungskabel verheddern/stolpern oder durch Zug den Werkzeugbenutzer um den sicheren Stand bringen.

4 Elektrische und davon ausgehende sonstige Gefahren an Einsatzstellen

E – für Elektrizität ist eine der seit Jahrzehnten bekannten und gelehrten „Standardgefahren“ im Gefahrenschema der Feuerwehr *(vgl. Kap. 6.1)*. Vielfach werden hierbei nur die Gefahren durch elektrische Durchströmung bei der Brandbekämpfung gesehen, also die Annäherungsgrenzen mit Löschmittel und den entsprechenden Auswurfrohren. Als einzige „Feuerwehrfachnorm“ ist die DIN VDE 0132 „Brandbekämpfung im Bereich elektrotechnischer Anlagen“ definiert.

Es darf aber nicht übersehen werden, dass auch diese auf weiteren Vorschriften aufbaut, die die Feuerwehrtätigkeiten nicht ausklammern. So ist für allgemeine Sicherheit die „DIN VDE 0105 – Betrieb von elektrischen Anlagen“ mit ihren Teilen auch in der VDE 0132 verankert, wenn auch Teile der Inhalte der VDE 0132 seit vielen Jahren in der Fachwelt umstritten und auch Änderungen zu erwarten sind[1)]. Für die Wirkungen des elektrischen Stromes auf den menschlichen Organismus ist die DIN IEC/TS 60479-1[2)] sehr aussagekräftig *(vgl. auch Kap. 2.4)*.

Für die Einsatztätigkeit der Feuerwehren ergeben sich mehrere Zonen der Gefahr bzw. Annäherung *(vgl. Abb. 4/1)*.

Die Gefahrenzone bestimmt den Bereich, in dem jederzeit mit einem Spannungsüberschlag (Lichtbogen) gerechnet werden muss. Bei Unterschreitung besteht Lebensgefahr! Die Gefahrenzone kann durch isolierende Abtrennungen eingegrenzt werden. Diese dürfen dann aber auch nicht leicht entfern- oder veränderbar sein. Bei Niederspannung (bis 1 kV~ bzw. 1,5 kV=) gibt es

1) Zum Beispiel Abstände für „C-Rohre“, die im Innenangriff bei Verrauchung nicht sicher eingehalten werden können, unter Druckangaben, die man am Strahlrohr sowieso nicht kennt, oder das konsequente Anwendungsverbot von Schaum (damit auch Druckluftschaum) schon bei „Haushaltspannungen“, obwohl diese Vorgaben durch Messergebnisse so nicht begründbar sind (vgl. de Vries, 2000–2008). In den letzten Jahren werden daher in der Fachwelt nicht nur alte CM-Rohre als geeignet für die Brandbekämpfung gesehen, sondern wie auch in der europäischen Normung und Einsatzpraxis auch Hohlstrahlrohre. Die Brandbekämpfung bei Niederspannung bis 1000 V wird grundsätzlich unter bestimmten Bedingungen von der Fachwelt als möglich erachtet *(vgl. Kap. 6.3)*.

2) Alle DIN-Normen sind zu beziehen über: www.beuth.de

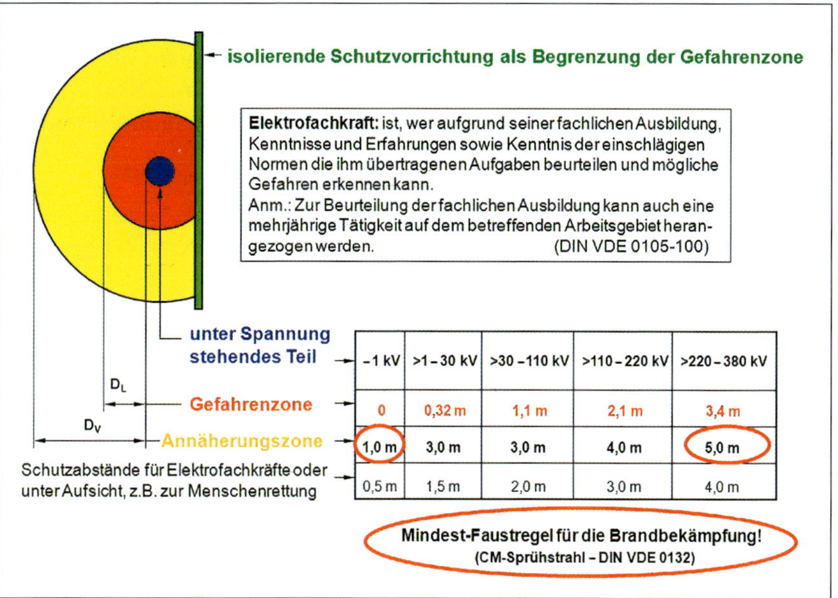

unter Spannung stehendes Teil	-1 kV	>1 - 30 kV	>30 - 110 kV	>110 - 220 kV	>220 - 380 kV
Gefahrenzone	0	0,32 m	1,1 m	2,1 m	3,4 m
Annäherungszone	1,0 m	3,0 m	3,0 m	4,0 m	5,0 m
Schutzabstände für Elektrofachkräfte oder unter Aufsicht, z.B. zur Menschenrettung	0,5 m	1,5 m	2,0 m	3,0 m	4,0 m

Abb. 4/1: Gefahren- und Annäherungszonen (Grafik: Kögler nach DIN VDE 0105-100)

keine Gefahrenzone. Erst aus dem Berühren des Leiters ergibt sich die konkrete Gefahr.

Die Annäherungszone beschreibt hier die Schutzabstände für „Bauarbeiten und sonstige nichtelektrotechnische Arbeiten“ (DIN VDE 0105-100). Es trifft also den Tätigkeitsbereich der Feuerwehren und der gesamten Gefahrenabwehr, da wir ja keine elektrotechnischen Arbeiten ausführen wollen, sondern eine Gefahr in Gegenwart einer elektrotechnischen Anlage bekämpfen.

Für die Arbeit an elektrotechnischen Anlagen durch Elektrofachkräfte oder unter deren Aufsicht sind kleinere Abstände (sogenannte Schutzabstände) zulässig. Diese sollten zur eigenen Sicherheit aber nur in dringendsten Fällen, wie bei der Menschenrettung, angewandt werden *(Zeile 3 in Abb. 4/1)*.

Der beste Schutz gegen elektrische Gefahren aller Art ist, ausreichend Abstand zu halten. Auch bei der Menschenrettung macht der Strom keine Zugeständnisse an die Einsatzkräfte und ist in die Risikobetrachtung unbedingt mit einzubeziehen!

Konkrete Gefahrenzonen dürfen unter keinen Umständen – auch nicht zur Menschenrettung! – betreten werden. Der so entstandene Sicherheitsabstand darf auch nicht durch Hineinreichen mit anderen Körperteilen (z.B. Arme) oder Werkzeugen mit nicht definierter Isolationsfestigkeit verletzt werden!

Ein etwas anders gelagertes Problem ist der Spannungstrichter. Hier liegt ein Stromfluss gegen die Erde schon vor. Und zwar von so erheblicher Größe, dass der Erdwiderstand über eine relativ kurze Entfernung (Schrittweite des Menschen) schon gefährliche Spannungen führt. Man berührt also keine sichtbaren leitfähigen Teile, sondern die Überbrückung durch die Schrittweite der Füße greift eine gefährliche Spannung vom Boden ab. Schrittspannungen können deshalb auch nur bei Netzen mit Erdbezug auftreten. Die Spannung einer Schrittweite steigt zum Erdschlusspunkt hin progressiv an und wird so bei Annäherung immer gefährlicher.

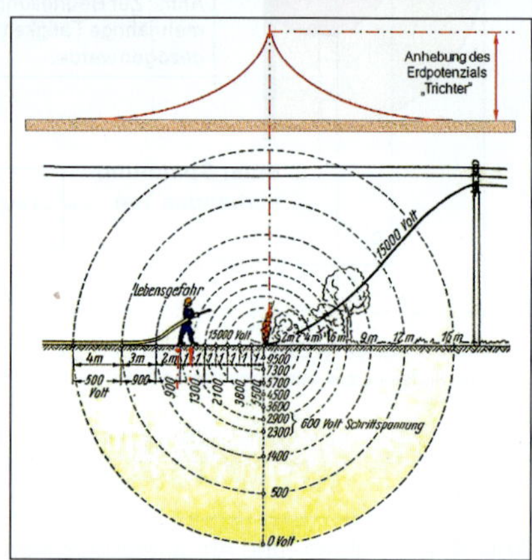

Abb. 4/2: Darstellung der Schrittspannung (Grafik: Kögler nach SCHUBERT)

Gefährliche Schrittspannungen sind bei Niederspannungsnetzen (bis 1 kV~ bzw. 1,5 kV=) nicht zu erwarten. Dazu zählen neben den allgemeinen Freileitungen örtlicher Energieversorger auch Oberleitungen der Straßenbahnen.

Bis 30 kV ist ein Radius von 10 m zur Erdschlussstelle als gefährlich zu betrachten, über 30 kV ein Radius von 20 m. Diese Abstände enthalten schon gewisse Sicherheiten. Allerdings können nur Fachleute der entsprechenden Versorgungsunternehmen einschätzen, ob durch besondere (Sternpunkt-) Erdung kleinere Abstände noch ausreichend sicher sind, z.B. um Menschenrettung durchzuführen.

Es ist aber auch falsch durch übergroße Angst vor der Schrittspannung die Hilfe zu unterlassen. Solange der bzw. die Retter kleine Schritte machen und sich auf den Beinen halten können, ist die Gefahr kalkulierbar. Es muss weiterhin berücksichtigt werden, dass der „Herzstromfaktor“ von Fuß zu Fuß den kleinsten Wert hat *(vgl. Tab. 2.4/2)* und der Feuerwehrmann mit gut ausgewähltem Schuhwerk mit antistatischer Sohle durch einen hohen Isolationswiderstand besser geschützt ist, als es der größte Teil[1] der restlichen PSA kann.

Beispielrechnung:

Es sollen 1000 V/m „Schrittspannung“ anliegen. Nimmt man die sensiblen unteren 5 % der Menschen an, liegt der Hand-zu-Hand-Widerstand bei ca. 575 Ω (bei 1000 V). Dies dem Fuß-zu-Fuß-Widerstand gleichgestellt, bedeutet bei 1 m Schrittweite eine Durchströmung von 1,8 A! Das ruft starke unwillkürliche Muskelkontraktionen hervor. Für das Herz ist der Äquivalentstrom hier 1,8A · 0,04 = 72 mA und liegt so bei 1 s Reaktionszeit noch im Bereich AC-4.1 (s. Tab. 2.4/1).

Aber was haben wir vergessen?

Natürlich: Die Retter gehen doch nicht barfuß vor? Gutes Schuhwerk sichert die Rettung bis zu der Schrittspannung wirksam ab, weil bei 50 kΩ/Stiefelsohle die Durchströmung der Beine unter 10 mA sinkt.

Grundsätzlich gilt für das Vorgehen bei Verdacht auf „Schrittspannung“: Keine Berührung mit den Händen oder schlecht isolierenden Werkzeugen von weiteren Einsatz- oder Hilfskräften, dem Verunfallten oder der „Erde“[2]!

Man geht als Trupp nur nebeneinander, also tangential zu den Spannungskreisen.

Notfallsicherungen durch Kunststoffseile dürfen nur verwendet werden, wenn auch witterungsbedingte Durchfeuchtung ausgeschlossen werden kann (Kernmantelseile neigen langsamer dazu).

Kann man den Verunfallten nicht sofort gänzlich aus der Gefahrenzone entfernen, ist er auf den Rücken oder die herzabgewandte Seite zu drehen (isolierende Hilfsmittel!) und tangential zu den Spannungskreisen auszurichten.

Eine eventuell nötige Wiederbelebung ist nur außerhalb des Gefahrenbereichs auszuführen.

---

1) Nur Kunststoffschalenhelme dürften bessere Isolationswiderstände haben.

2) „Erde“ kann elektrisch auch ein Geländer, eine Abgrenzung, eine Metallverkleidung o.Ä. sein!

4.1 Besonderheiten bei Brandereignissen

Bei einem Brand muss davon ausgegangen werden, dass die vorhandene elektrotechnische Installation nicht mehr den Vorschriften genügt und so eine besondere zusätzliche Gefahr vorliegt. Die meisten Isolierwerkstoffe sind heute Kunststoffe, welche zwar vielfach auch „flammhemmend" sind, aber doch in der Brandhitze erweichen können und so die Funktion verlieren. Es ist deshalb bei der Erkundung vor der Brandbekämpfung genauestens zu untersuchen, ob eine Freischaltung des Objekts auch vor der Menschenrettung notwendig ist.

Abb. 4.1/1: Durch Feuer zerstörte Zähler- und Verteileranlage, die unbedingt spannungslos gemacht werden muss (Foto: Neumann, KBM SOE)

Insbesondere bei Freileitungen und speziellen elektrischen Anlagen wie Transformatoren muss mit einer sich ständig verändernden Situation gerechnet werden. Wirkt die Brandhitze oder die Statik des Gebäudes auf Freileitungen ein, ist mit Versagen derselben immer zu rechnen und unbedingt die Trennung am nächsten Mast oder nächstmöglichen Punkt als Minimum vom Betreiber des Stromversorgungsunternehmens einzufordern. Besonderheiten zu PV-Anlagen sind in dieser Reihe zum Thema „Neue Energieanlagen" beschrieben (vgl. BESCH et al., 2012 *sowie hier in Kap. 2.1)*.

Natürlich wirken auch in elektrotechnischen Anlagen alle Gefahrenmomente der Brandereignisse, welche auch ohne Strom einwirken. Dazu zählen die Atemgifte, Hitze, aber auch der Rauch, welcher durch die Sichtbehinderung die Abschätzung der erforderlichen „Sicherheitsabstände" sehr erschweren kann.

4.1.1 Besonderheiten bei den Löschmitteln

Die Brandbekämpfung über die Entstehungsbrände hinaus erfolgt allgemein mit Wasser und Wasser mit Löschmittelzusätzen (z.B. Schaummittel). Das uns zur Verfügung stehende Wasser hat immer eine signifikante Leitfähigkeit für elektrischen Strom. Grund sind ionenbildende Bestandteile wie Salze, aber auch Gase wie CO_2. Die Schwankungsbreite allein bei Trinkwasser ist schon beachtlich, wie Tab. 2/1 zeigt und de Vries (2000–2008) schon seit 2000 beschrieben hat.

Bei Einsätzen mit hoher Brandlast oder schlechter Wasserversorgung aus Trinkwassernetzen wird vielfach auch die Nutzung offener Wasserentnahmestellen nötig. Hier muss immer mit einer weiteren Zunahme der Leitfähigkeit gerechnet werden. Hochkontaminierte Wässer, wie z.B. Gülle oder abfließendes Löschwasser, dürfen daher in Spannung führenden elektrotechnischen Anlagen nicht verwendet werden.

Bei der Anwendung von Wasser als Löschmittel sind je nach Strahlrohr und Druck Mindestabstände einzuhalten!

Für den Mindestabstand bei der Brandbekämpfung an spannungsführenden Teilen bei unbekannten örtlichen Verhältnissen und unbekannter Spannungshöhe gelten nach DIN VDE 0132 derzeit die in Tab. 4.1.1/1 aufgeführten Werte für das CM-Strahlrohr mit Düse Ø 12 mm und max. 5 bar Druck am Strahlrohr.

Tab. 4.1.1/1: Richtwerte für (CM-)Strahlrohre[1] (nach DIN VDE 0132)

Strahlrohr CM (DIN 14365 alt, DIN EN 15182-3 neu)	Niederspannung (N) ≤ AC 1 kV oder ≤ DC 1,5 kV	Hochspannung (H) > AC 1 kV oder > DC 1,5 kV
Sprühstrahl	1 m	5 m
Vollstrahl	5 m	10 m
Kurzzeichen	N-1-5	H-5-10

[1] Nach der in den letzten Jahren geführten Diskussion in den Gremien ist davon auszugehen, dass die Werte nicht nur auf Mehrzweckstrahlrohre nach alter und seit 2007 zurückgezogener Norm DIN 14365 (ersetzt durch DIN EN 15182) gelten dürften, sondern grundsätzlich für alle „C“- (bzw. „B“-)Rohre mit ungefähr den genannten Drücken bzw. vergleichbaren Literleistungen.

Es ist den Verfassern bekannt, dass im Innenangriff die Einhaltung der Mindestabstände ebenso praktisch unmöglich ist wie die Kontrolle des Strahlrohrdrucks! Eine Unterschreitung der Gefahrenabstände *(s. Abb. 4/1)* wird zwangsläufig einen Stromfluss erzeugen! Bei Spannungen über 1 kV~ dürfen keine Kompromisse mehr zugelassen werden.

Für die genauere Betrachtung ist eine weitere Differenzierung möglich. Die Werte für Hochspannung gelten bis einschließlich 380 kV. Das ist eine Spannung, die sehr selten für die Feuerwehren in Verbindung mit einer notwendigen Brandbekämpfung auftreten wird. Wie schon in Kap. 2 erläutert, sind Handlungen hier nur in Verbindung mit entsprechendem Fachpersonal oder nach bestätigter Abschaltung und Genehmigung möglich.

Wesentlich häufiger werden Einsätze im Bereich der Mittelspannung, also im Bereich von 10 kV bis 30 kV auftreten. Das heißt nicht, dass hier eigenmächtig Schalthandlungen durchgeführt werden dürfen, es können aber erforderliche Löschmaßnahmen aus entsprechendem Sicherheitsabstand durchgeführt werden, die zur Menschenrettung und Erhaltung von Sachwerten im Umfeld nötig sind.

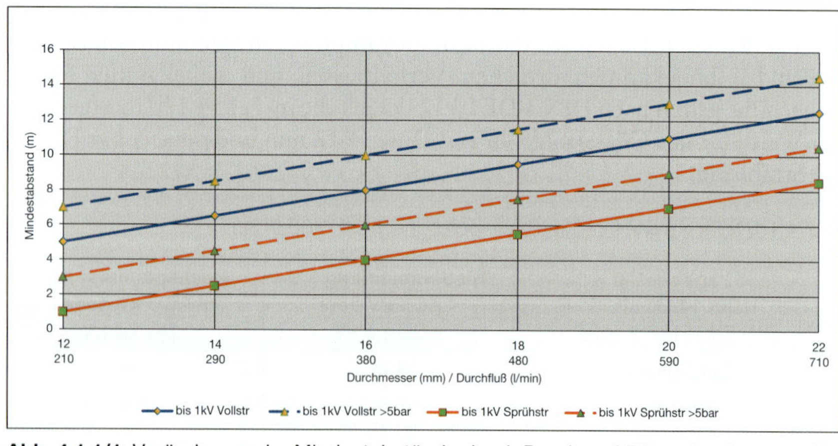

Abb. 4.1.1/1: Veränderung der Mindestabstände durch Druck und Düsendurchmesser bis 1 kV~ (1,5 kV=) nach DIN VDE 0132 (Grafik: Kögler)

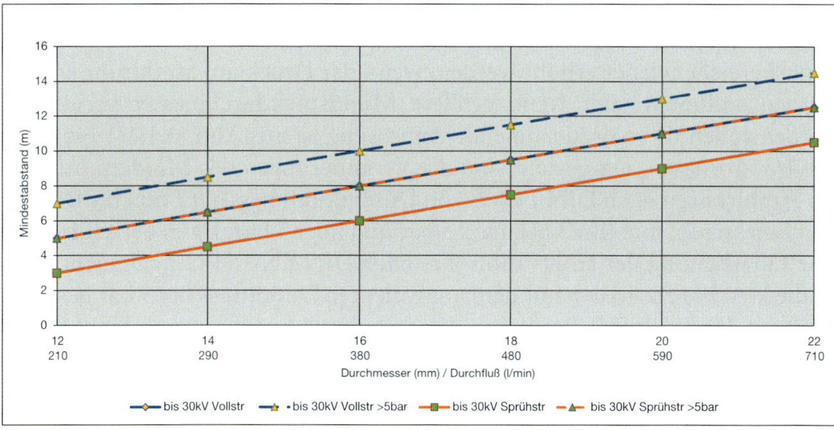

Abb. 4.1.1/2: Veränderung der Mindestabstände durch Druck und Düsendurchmesser bis 30 kV nach DIN VDE 0132 (Grafik: Kögler)

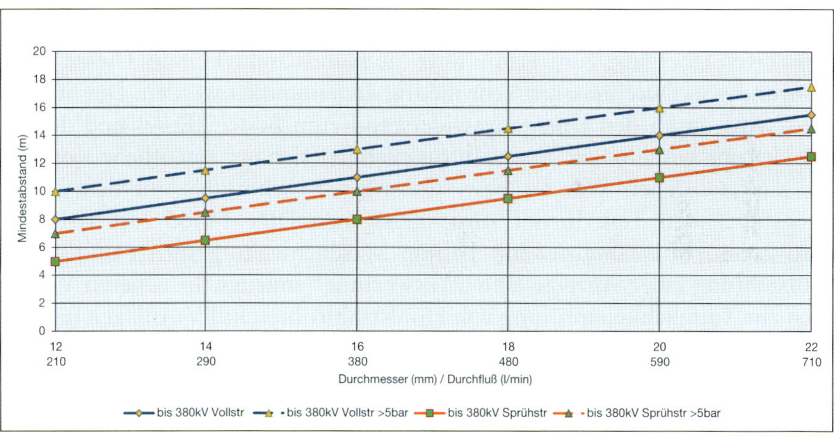

Abb. 4.1.1/3: Veränderung der Mindestabstände durch Druck und Düsendurchmesser bis 380 kV nach DIN VDE 0132 (Grafik: Kögler)

Die Mindestabstände für C-Rohre können mit fallendem Spannungsniveau gegenüber Tab. 4.1.1/1 verringert werden, müssen aber auch für alle Spannungsbereiche wieder erhöht werden, wenn der Druck am Strahlrohr erhöht werden soll/muss oder wenn größere Mundstückdurchmesser verwendet werden sollen. Die vorzunehmende Anpassung ist aus Abb. 4.1.1/1 bis Abb. 4.1.1/3 abzulesen. Dargestellt sind die Veränderungen des Mindestabstands bei Strahlrohren nach DIN 14365 von Düsendurchmesser 12 mm bis Düsendurchmesser 22 mm (BM) bei max. 5 bar und über 5 bar. Da es derzeit formal eine Einarbeitung der Hohlstrahlrohre nach DIN EN 15182 noch nicht gibt, ist die x-Achse zusätzlich mit dem äquivalenten Durchfluss bei 5 bar gekennzeichnet. Das soll dem Leser die „Umrechnung" auf die neuen Hohlstrahlrohre erleichtern.

Was die Fragen und Unsicherheiten über die Sicherheit gegen elektrischen Schlag bei den Hohlstrahlrohren betrifft, möchten wir Folgendes zur Diskussion stellen.

Die Gefahr durch das Strahlrohr wird durch die Leitung des Stromes durch den Wasserstrahl mit seinen Besonderheiten erzeugt. Es gibt einen relativ definierten Übergang zum Trupp über die Handschuhe/Hände. Dieser muss aufgrund von Durchnässung sehr niedrig angenommen werden. Der Stromkreis wird durch den Übergangswiderstand zum Boden (Erde) und dessen Rückleitung geschlossen. Etwas diffus gestaltet sich der eigentliche Kontakt des ausgeworfenen Wassers bzw. wässrigen Löschmittels mit dem spannungsführenden Teil. In der zurückgezogenen DIN 14365-2 (CM-Rohr) wird gegen ein Drahtgitter mit 10 mm Maschenweite gespritzt und durch Beobachtung einer Anzeige eine „Auswertung" erzeugt. In neueren Versuchen zur Tauglichkeitsprüfung von Hohlstrahlrohren in PV-Anlagen und im Vergleich zur alten DIN 14365 wird auf ein nicht näher definiertes, nur im Bild erkennbares Lochblech gespritzt (Thiem et al., 2012).

In der Praxis kommt das Problem hinzu, dass

- die vorgehenden Trupps im Innenangriff in Gebäuden weder den Abstand von ggf. Strom führenden Elektroleitungen sehen können (weil i.d.R. die Verrauchung zu stark ist),
- noch der Druck am Strahlrohr (gerade bei aktiver Strahlrohrführung mit Löschimpulsen) irgendetwas mit den Normmessbedingungen zu tun hat.

Dazu fehlt allen Quellen (DIN VDE 0132, DIN 14365 und THIEM et al., 2012) die Angabe zur Leitfähigkeit des Wassers bzw. welche Grenzleitfähigkeit für die Brandbekämpfung in elektrotechnischen Einrichtungen und den Spannungsebenen zulässig wäre. Wie Tab. 2/1 zeigt, liegt zwischen einem „guten" Trinkwasser und dem zulässigen Grenzwert der Faktor 6! Das heißt, die Leitfähigkeit (oder der spezifische Widerstand) von Trinkwasser kann um den Faktor 6 schwanken. Dabei wird noch nicht betrachtet, dass Flusswasser und Meerwasser noch deutlich höhere Leitfähigkeiten aufweisen.

Interessant ist aber die Aussage, dass mit steigendem Abstand bei gleichem Vollstrahl der Strom sogar ansteigend ist. Erklärbar könnte das so sein: Das Fangblech wirft wegen der Lochdichte relativ viel Wasser zurück. Damit bildet sich vor dem Blech eine Wasserwolke, welche die Stromleitung durch Verteilung auf einen größeren Querschnitt unterstützt. Daneben verhindert die Wolke, durch die bei größeren Abständen absinkende kinetische Energie des (teilweise aufgelösten) Strahls, das Durchdringen des gesamten Lochquerschnitts. Der hochenergetische kompakte Strahl aus 1 m kann die Löcher noch besser durchdringen.

In einer Erwartungsrechnung (Worst Case) erscheinen die gemessenen Ströme sonst irreal:

Eigentlich sollte sich der ungünstigste Zustand bei unaufgelöstem Vollstrahl ergeben. Eine kompakte Wassersäule von Ø 12 mm und 1 m Länge hat bei einem Wasserleitwert von 150 mS/m[1] *einen elektrischen Widerstand von:*

$R = l / (G \cdot A) = 1\ m / (0{,}15\ S/m \cdot 113 \cdot 10^{-6}\ m^2) = 59\ k\Omega$

Mit 1000 V beaufschlagt ergibt sich ein Strom von (I = U / R) 17 mA.

Vergrößert man den Abstand auf 5 m und nimmt trotzdem weiter die „kompakte Wassersäule" an, ergibt sich ein rechnerischer Widerstand von 295 kΩ und somit 3,4 mA.

Die 17 mA bei 1 m Abstand können noch einigermaßen mit den Messwerten von THIEM et al. (2012) erklärt werden, weil in unserer Rechnung hier ein relativ schlechter Wasserleitwert für Trinkwasser herangezogen wurde. Bei 5 m versagen diese Interpretationsversuche aber gänzlich.

[1] Nach Tab. 2/1 entspricht das etwa dem Dreifachen von üblichen Trinkwasser und der Hälfte des zulässigen Grenzwerts.

Es kann nur eine Stauwolke mit deutlich vergrößertem Leitungsquerschnitt eine Erklärung für die hohen Ströme sein. Also muss sich deutlich mehr Wasser in der Messstrecke aufhalten, als es die Strahlrohre permanent auswerfen.

Falls künftig weitere Messungen gemacht werden, sollten

- entweder feine Drahtgitter oder Messplatten mit großer Schrägstellung benutzt werden, um den „Stau" aus der Messung weitestgehend zu eliminieren,
- die Leitfähigkeiten des Wassers und ggf. verwendeter Zusätze dokumentiert werden.

In der Praxis sind die unter Spannung stehenden Teile ja auch keine Gehäuse, Rahmen, Masten und Absperrungen, weil diese betriebsmäßig sicher geerdet sind. Es sind eher die Leiterseile, Sammelschienen, Trennstücke, Lichtbogenableiter usw. – also Teile in Rohr-, Stangen-, Draht- oder Flachformen mit relativ kleinem Querschnitt bezogen auf den Wasserkegel der Strahlrohre. Damit kommt ein großer Teil des Wassers nicht mit unter Spannung stehenden Teilen in Verbindung.

Rücklaufendes Wasser zu den Einsatzkräften kann man vernachlässigen, weil mit dem allgemeinen spezifischen Erdwiderstand von 1000 Ωm diese Zusatzimpedanz im Strahlwiderstand untergeht.

Andere Löschmittel wie BC-Pulver und Kohlendioxid sind auch in Hochspannungsanlagen zugelassen. Bei Pulverlöschmitteln ist vorsorglich ihre Eignung für Hochspannung zu prüfen. ABC-Pulver sind im Allgemeinen nicht über 1000 V zugelassen! Verschiedene Pulver neigen unter Brandhitze zu porösen Schmelzschichten, welche bei nachfolgender Ablöschung mit Wasser Überschläge, aber auch gefährliche Kriechströme erzeugen können. Es kann damit nur empfohlen werden, außer bei Klein- und Entstehungsbränden, auf Pulver möglichst zu verzichten.

Kohlendioxid (CO_2) ist aus elektrischer Sicht unbedenklich, hat aber nur eine geringe Eindringtiefe. Damit ist es eher für die Flutung geschlossener Räume oder Kanäle geeignet. Hier ist aber sicherzustellen, dass sich keine Personen mehr in den Räumen aufhalten.

Bei der Ausbringung der Löschmittel Pulver und Kohlendioxid gelten Mindestabstände, welche den Annäherungszonen nach Abb. 4/1 entsprechen!

Der Einsatz von Schaum ist derzeit nur im Bereich der Niederspannung und hier nur mit trag- oder fahrbaren Löschgeräten bis 50 l[1)] zulässig. Bei Hochspannungsanlagen ist der Schaumeinsatz generell verboten!

Grundsätzlich wird für das Verbot immer die höhere elektrische Leitfähigkeit von Wasser-Schaummittel-Gemischen herausgestellt. Dieser Begründung kann man aber nicht bedingungslos folgen, wenn man den quantitativen Einfluss betrachtet.

Nach Tab. 2/1 liegt ein 3 %iges Wasser-Schaummittel-Gemisch, aus einem synthetischen Mehrbereichsschaummittel und aus Trinkwasser mit ca. 50 mS/m hergestellt, in Summe noch unter dem Grenzwert der Trinkwasserverordnung! Damit kann auch der luftgefüllte Schaum kein besseres Leitverhalten erreichen. Es kann hier nicht vorausgesagt werden, wie sich Schaummittel mit Fluss(ab)wässern mit höheren Leitwerten auswirkt. Ein proportionaler Anstieg bezogen auf ein Trinkwasser geringer Leitfähigkeit in gleicher Form scheint unserer Meinung nicht automatisch gegeben und müsste an konkreten Messungen nachgewiesen werden.

Es bleibt unbestritten, dass Schaum durch seine Deckwirkung die Sicht auf den Einsatzstellen stark einschränkt, z.B. auch Gruben oder Keller ausfüllt und so zu einer möglichen Unfallquelle (Absturzgefahr!) wird. Das ist aber keine Besonderheit für Brände in Verbindung mit elektrotechnischen Gefahren und muss, wenn auch im geringeren Umfang, auch für Pulverlöschverfahren gelten.

Abb. 4.1.1/4: Sichtbehinderung auf Ausmaß und Tiefe durch Schaumansammlung in Kellerabgang (Foto: Feuerwehr Düsseldorf)

Damit ist nach der VDE 0132 auch im Jahr 2014 theoretisch immer der Einsatz von Schaum sowie erst recht von Druckluftschaum (DLS bzw. CAFS) absolut verboten! Da es aber trotz Verbots bei jahrelangem Einsatz dieser Löschtechniken auch im Innenangriff keinen einzigen bekannten „Stromunfall“ gibt, scheint dieses Anwendungsverbot nach jahrelanger Diskussion in den Gremien in der Schärfe zu fallen. Es

1) Dies gilt nur für den Einsatz typgeprüfter und für die Verwendung in elektrischen Anlagen zugelassener Löschgeräte (DIN VDE 0132).

ist festzustellen, dass mit dem „Schaummittelverbot" an Strahlrohren gleichzeitig die Netzmittellöschverfahren offensichtlich aus gleichen Gründen formal ausgeschlossen werden. Das ist umso weniger zu verstehen, da eigene Messungen mit Sthamex Class-A an der Obergrenze für Netzmittelwasser (0,3 %) nur eine Zunahme der Leitfähigkeit des Wasser-Schaummittel-Gemischs um ca. 25 % gegenüber des reinen Wassers ergeben haben *(vgl. Tab. 2/1)*.

4.1.2 Weitere Gefahren bei der Brandbekämpfung in elektrotechnischen Anlagen

Die Brandbekämpfung in elektrotechnischen Anlagen wird auch durch die Gefahrenmomente begleitet, welche in der normalen Brandbekämpfung beachtet werden müssen. Die Verbrennungsprodukte sind i. d. R. sehr toxisch (Isolierstoffe, Isolieröle usw.). Die Notwendigkeit umluftunabhängiger Atemluftversorgung muss daher nicht erst besonders erwähnt werden (vgl. Cimolino, 1999–2011).

Eine Besonderheit sind die noch immer nicht gänzlich verschwundenen PCB-haltigen Isolierstoffe. Bei Transformatoren kann man heute recht sicher sein, dass diese nicht eingesetzt wurden, aber bei Kondensatoren (Blindstromkompensation) muss man immer noch mit dem Vorhandensein rechnen. Das können auch stillgelegte und abgelagerte Bestände sein. Eine akute Toxizität von PCB ist nicht gegeben, eine chronische aber schon. Bei Einwirkung von hohen Temperaturen wird PCB jedoch in hochtoxische Verbindungen gespalten (z.B. TCDD, auch „Serveso-Dioxin" genannt). Die Verbrennungsprodukte sind nicht nur gasförmig, sondern haften auch an der PSA und Geräten, die nach nachgewiesenem Einsatz in einem solchen Szenario unbedingt einer Sonderentsorgung/-behandlung bedürfen.

Die Kennzeichnung solcher Kondensatoren ist mehr oder weniger verschlüsselt.
Folgende Aufschriften sollten unbedingt ernst genommen werden:
A30, A40, C, CD, 3CD, 4CD, 5CD, C2, CP, Cp, CPA40, CPA50, C100, C125, C180, 76C, 6D, 9D, 3LP, Chlordiphenyl, Clophen
Bezeichnungen wie MP, MKP, MPK kennzeichnen eindeutig ungefährliche Feststoffdielektrika.
Diese Aufzählungen haben keinen Anspruch auf Vollzähligkeit!

Abb. 4.1.2/1: 10-kV-Trafo mit Absperrung (Foto: Becker, Stadtwerke Witten)

Neben der Hitze des Brandes und ihren Nebenwirkungen hat auch die Sichtbehinderung durch den Brandrauch einen besonderen Stellenwert. Da man Strom weder sehen noch anders mit unseren Sinnen erfassen kann, ist die Abstandsregel besonders wichtig. Aber gerade diese erfordert einen Sichtkontakt zur Gefahr, welcher durch den Rauch teilweise unmöglich wird. Damit werden Absperrungen, welche im Normalzustand allgemein verständlich sind, gegebenenfalls zu einer Gefahr.

Wenn ein Trupp bei starker Verrauchung ohne Sicht und ohne Freigabe durch den Betreiber nach dem Passieren der Zugangstür hier in Kriechstellung erkundet *(vgl. Abb. 4.1.2/1)*, vielleicht Vermisste sucht, wird er die Kette mit Schild nicht unbedingt erkennen können.

Eine sichere spannungsfreie Anlage erkennt man an geöffneten Trennern und der erfolgten Erdung.

Kraftwerke und Umspannstationen, aber auch nachfolgende Verteilerstationen sind auf eine Eigenstromversorgung angewiesen, um bei Lastabwurf oder Netzausfall auch automatisiert die Anlagen in Ruhestellung zu bringen und ungewollte Rückspeisungen zu verhindern. Der automatische Start bzw. bei Ausfall automatisches wiederholtes Wiedereinschalten sind weitere Aspekte dafür, dass hier nicht eigenverantwortlich ohne Beisein von Fachpersonal gearbeitet werden darf. Die Trennung der verschiedenen Stromkreise ist von Außenstehenden nicht zu unterscheiden.

Eine Besonderheit ist, wenn der Eigenstrom bei Stromausfall und der Notstrom aus Akkumulatorbatterien bereitgestellt werden. Hier ist es ähnlich wie bei den PV-Anlagen. Man kann auch hier die Stromkreise trennen, aber die eigentliche Spannung in der Batterieanlage ist natürlich weiter vorhan-

Abb. 4.1.2/2: 10-kV-Trenner (Foto: Becker, Stadtwerke Witten)

Abb. 4.1.2/3: Erdung in 10-kV-Schaltanlage (Foto: Becker, Stadtwerke Witten)

Abb. 4.1.2/4: Akkumulatoren für die netzunabhängige Versorgung der Schaltanlage (Steuerung und Motorantriebe) inkl. Stationsleittechnik und Notbeleuchtung, 220 V=; 150 Ah (Foto: Becker, Stadtwerke Witten)

den. Und auch hier ist es dann nicht ungefährlich, wenn man den Raum zur Brandbekämpfung, Menschrettung usw. betreten muss. Zumal hier zusätzlich mit Wasserstoff und Schwefelsäure gerechnet werden muss. Die Kurzschlussströme in Akkumulatorenanlagen sind, wie in Kap. 2 beschrieben, enorm hoch und können Leiter wie auch achtlos abgelegte leitfähige Ausrüstung zum Glühen und Schmelzen bringen.

Bei Kompensationskondensatoren können durch Brandereignis die Entladewiderstände bzw. die Leitungen zu diesen beschädigt sein, womit mit Restspannung in der Kondensatorenbatterie gerechnet werden muss (auch wenn diese i.d.R. < 320 V beträgt, ist mit Schreckreaktionen oder Kurzschlusslichtbögen zu rechnen). In diesem Falle war der infolge eines Kurzschlusses gerissene Ölmantel des Trafos Brandauslöser.

Abb. 4.1.2/5: Kondensatorenbatterie steht noch unter Spannung nach Brandeinwirkung (Foto: Garcia, FW Diehl)

Abb. 4.1.2/6: Defekter Transformator als Brandursache (Foto: Garcia, FW Diehl)

4.2 Besonderheiten bei Unwettern

Unwetter erzeugen über die elektrotechnischen Anlagen Allgemeingefahren durch mechanische Zerstörungen und Überflutungen. Damit werden sichere Abstände bzw. Isolationen zerstört und die Gefahr, in den Stromkreis zu geraten, wird extrem groß. Als Nebenwirkung fällt die Stromversorgung großflächig aus, was unter heutigen Bedingungen zu erheblicher Einschränkung des gewohnten Lebensstandards führt, bei mit Netzstrom betriebenen medizinischen Geräten im Haushalt sogar zu lebensbedrohlichen Situationen. Eine Nachladung von Akkugeräten als Notbehelf ist in dieser Zeit ohne eigene Notstromversorgung ebenfalls nicht möglich.

Für die Gefahrenabwehr ergeben sich vielfältige Aufgaben, welche auch mit unterschiedlichsten Gefahren verbunden sind.

Freileitungen der Energieübertragung und Versorgung sind bei Extremverhältnissen gefährdet, insbesondere, wenn mehrere sich in der Wirkung ergänzende Ereignisse zeitgleich auftreten. Das können z.B. hochsommerliche Temperaturen und Betrieb an der Lastgrenze sein. Infolge der Materialdehnung hängen die Leiterseile dann stark durch. Kommt es jetzt zu Gewitterstürmen, können die Seile so in Schwingung geraten, dass sie die Überschlagsweite unterschreiten und Lichtbogenüberschläge erzeugen bzw. ganz zusammenschlagen. Im schlimmsten Fall ist mit dem Reißen/Durchschmelzen der Seile zu rechnen. Solche Ereignisse haben sich z.B. in Norditalien 2003 ereignet und zu großen Stromengpässen geführt.

Im Gegensatz dazu kommt es bei starkem Frost zum Zusammenziehen der Leiterseile. Die Zugspannungen steigen stark an, was die Isolatoren und

Abb. 4.2/1a und b: Durch starke Vereisung überdehntes Niederspannungskabel (Fotos: Uppenkamp, Legden)

Masten höher belastet. Auch hier sind Leiterrisse oder Isolatorabrisse möglich.

Auch Temperaturen leicht unter dem Gefrierpunkt und Wind, der Luft mit hoher Luftfeuchte zuführt, erzeugen ein kritisches Szenario. Das Wasser gefriert an den kalten Leitern und bildet starke Vereisungen, welche durch das hohe Gewicht wiederum die Haltbarkeit der Seile als auch die Standfestigkeit der Masten beeinträchtigen (Münsterland 2005).

Auf eine Besonderheit soll hier hingewiesen werden. Nicht immer fallen gerissene Leiterseile auf den Boden und erzeugen mehr oder weniger den Spannungstrichter. Fallen die Leiter auf Metallkonstruktionen ist mit einer Verschleppung der Spannung zu rechnen. Die eigentliche Gefahr muss dabei nicht sofort erkennbar sein.

Im Beispiel von Abb. 4.2/2 und 3 bekam eine Einsatzkraft einen elektrischen Schlag beim Übersteigen des Weidedrahts, die Ursache konnte erst später erkannt werden. Weil das Leiterseil vorher schon über eine große Länge Erdkontakt hatte, blieb die Durchströmung für den FA ohne Folgen.

Hochspannungsleitungen sind heute gegen mögliches Versagen gut geschützt, allerdings ist die Betriebszeit sehr lange, so dass viele Leitungen durch Alterung und veralteten Stand nicht mehr so sicher gegen Extremeinwirkungen sind.

Abb. 4.2/2: Leiterseil einer 20-kV-Leitung liegt auf einem Weidezaundraht. (Foto: FF Calau BB)

Abb. 4.2/3: Großflächiger Erdkontakt verhinderte Schlimmeres. Arbeiten hier finden nach Abschaltung statt. (Foto: FF Calau BB)

Abb. 4.2/4: Eine Trasse mit 220 und 380 kV je zwei Systemen/Mast (Foto: Kögler)

Abb. 4.2/5: Eine Strebe gegen Windschwingungen in der 220-kV-Trasse (Foto: Kögler)

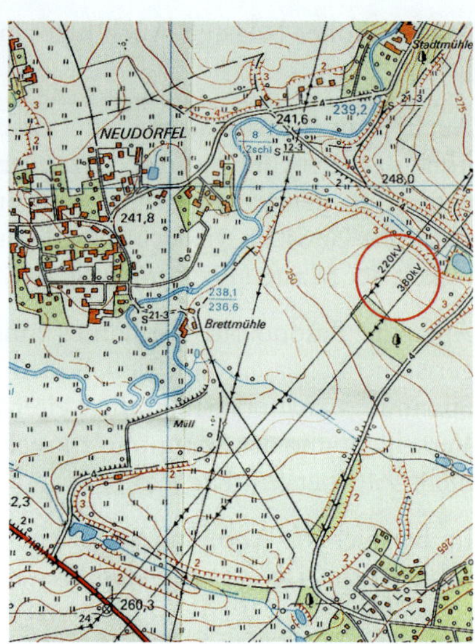

Abb. 4.2/6: Trassenverlauf nachvollziehbar in topografischer Karte (Grafik: Auszug aus Karte vom Landesvermessungsamt Sachsen 2000)

Eine Freileitungstrasse in rekonstruierter Form zeigt Abb 4.2/4. Die Bündelleitungen verringern die Feldstärke um den Leiter und damit die Koronarentladungen. Damit werden auch Überschläge hinausgezögert. Die 220-kV-Leitungen haben zusätzliche Streben gegen Windschwingungen.

Der eingetragene Verlauf von HS-Leitungen in topographische Karten gestatten dem Einsatzleiter, kritische topographische Gebiete und Zugänglichkeiten mit Fahrzeugen zu erkennen. Sicher ist ein Überfliegen des Gebietes wirkungsvoller, allerdings ist geeignetes Fluggerät nicht immer verfügbar.

Ein weiteres Wetterextrem mit hoher Relevanz bezüglich elektrotechnischer Anlagen sind Hochwasserlagen. Hier sind Hochspannungsfreileitungen, wenn ihre Fundamente nicht ausgespült werden können, auch wegen ihrer großen Spannweiten sicherer als bei eingangs erwähnten Szenarien. Hochwasser bzw. auch punktueller Starkregen gefährden besonders alle tief liegende Anlagen, welche nur in Ausnahmefällen einen Schutzgrad gegen Überflutung haben.

Durch zunehmende Erdverkabelung sind auch Trafostationen, Verteiler und Hausanschlüsse betroffen.

Abb. 4.2/7: Durch Elbehochwasser gefährdete Trafostation in Bad Schandau (Foto: Kögler)

Abb. 4.2/8: Ständig wird Wasser abgepumpt, um die Schalteinrichtungen zu sichern. Man beachte den Wasserstand durch das nicht ganz dichte Erdreich am Trafo. (Foto: Kögler)

Energieversorgungsunternehmen (EVU) werden i.d.R. selbst den Zeitpunkt der Abschaltung festlegen. Dafür ist dort auch die meiste Erfahrung vorhanden. Es ist aber wichtig, die EVU in die Entscheidungsprozesse eng einzubinden. Mit der Stromabschaltung von Gebäuden ist meist auch die notwendige Evakuierung verbunden, welche durch die Gefahrenabwehr koordiniert werden muss.

Bleiben Hausanschlüsse und andere Einspeisepunkte unerkannt unter Spannung und werden sie überflutet, ist mit erheblichen Erdströmen zu rechnen.

Wasserdampfentwicklung oder perlendes Wasser in der Nähe von Schaltkästen oder Sicherungen sind ein Zeichen für diese kurzschlussähnlichen Ströme, die aber offensichtlich nicht in der Lage sind, die Trafosicherungen der EVU auszulösen.

Da alle Potenziale für die Außenleiterstromkreise und des PEN auf engstem Raum zusammenliegen, werden auch die Potenziallinien nahe der Störung verbleiben. In einem gewissen Abstand braucht nicht mehr mit einer gefährlichen Durchströmung gerechnet werden. Der Strom geht immer den Weg des geringsten Widerstands, was bei gleichem Medium auch immer der kürzeste ist.

Trotzdem haben jegliche Arbeiten in diesen Räumen zu unterbleiben. Der Fehlerstrom ist selbst eine Gefahrenstelle (weil kein bestimmungsgemäßer Betriebszustand), die als solche auch erst zu beseitigen ist. Es kann nicht abgeschätzt werden, ob durch die hohe Durchströmung weitere Anlagenfehler hinzukommen. Für die Abschaltung sind die EVU zuständig und auch kurzfristig in der Lage. Bereiche von elektrotechnischen Anlagen, die unter Wasser gestanden haben, sind zwangsläufig einer Prüfung der Isolationswiderstände und einer Prüfung auf Folgeschäden durch die zuständigen Fachbetriebe zu unterziehen.

Abb. 4.2/9: Zerstörte Freileitung nach Gasexplosion; Leitung wurde am Mast davor abgeklemmt. Da auch Gasaustritt gemessen wurde, waren keine FA im Gefahrenbereich. (Foto: Kögler)

Hier soll noch etwas eingeschoben werden, das weniger einem Unwetter, eher einem „Schlagwetter" oder ähnlichen Ereignissen (Baumstürze, Verkehrsunfall an Strommast usw.) geschuldet sein kann. Reißen Leitungen in Niederspannungsanlagen, lösen trotz Erdberührung oder zeitweiser Berührung untereinander durch das Abschmelzen unter Lichtbogen die Trafosicherungen nicht zwangsläufig aus, d.h., die Freileitung führt trotz Zerstörung weiter Spannung.

Es gibt hier keine Schrittspannungsgefahr, aber ein Berühren kann lebensgefährlich werden, auch weil neue Lichtbögen gezündet werden können.

4.3 Besonderheiten bei Verkehrsmitteln

Hier sind vor allem Verkehrsmittel gemeint, welche mit elektrischem Strom betrieben werden, auch wenn jedes Fahrzeug Gegenstand eines „Elektrounfalls" werden kann *(vgl. Abb. 4.3/1)*.

Bei den Verkehrsmitteln ist zu unterscheiden, ob es sich um Niederspannungs- oder Hochspannungsbetrieb handelt. Bei den Niederspannungsantrieben erfolgt eine Untergliederung in:

Abb. 4.3/1: Lkw fährt rückwärts 20-kV-Mast um (Foto: Neumann, KBM Sächs. Schweiz Osterzgebirge)

- Stromzuführung durch Fahrdraht oder Stromschiene (Straßenbahn, S-Bahn, O-Bus)
- Akkumulatorenantrieb oder Akku mit Unterstützung durch andere Antriebsmaschinen (Hybridantriebe)

Eine weitere Klassifizierung ist möglich nach schienen- oder straßengebunden bzw. der Akkutechnologie. Es kann heute noch nicht abgeschätzt werden, welche Technologien sich zukünftig durchsetzen werden. Man kann aber davon ausgehen, dass durch die CO_2-Emissionsbegrenzungen die Elektromobilität an Bedeutung zunimmt.

4.3.1 Betrieb mit Niederspannung

Die Eisenbahnen als sogenannte „Vollbahnen" (also die klassische Oberleitungslokomotiven der länderspezifischen Bahngesellschaften) werden in Kap. 4.3.2 behandelt.

Alle anderen schienengebundenen Systeme arbeiten im Niederspannungsbereich. Die Spannung beträgt 600 V= (i.d.R.) über 750 V= (Stadtbahnen, z.B. Berliner S-Bahn) bis max. 800 V=. Bei den schienengebundenen Fahrzeugen ist die Schiene gleichzeitig Rückleiter für den Strom, was bei Entgleisungen unbedingt zu beachten ist. Andere, wie O-Busse, beziehen beide Potenziale aus der doppelten Oberleitung. Obwohl es derzeit in Deutschland nur noch drei Städte mit O-Bus-Unternehmen gibt, ist wahrscheinlich mit einer Renaissance[1)] zu rechnen. Denn während die Straßenbahnen ein eigenes Schienennetz finanzieren und unterhalten müssen, nutzt der O-Bus das von der Allgemeinheit finanzierte Straßennetz. Bisherige gravierende Nachteile, wie schwieriger Begegnungsverkehr, unflexibel bzgl. Umleitungen, Staus usw., können heute durch fahrzeuginterne Akkumulatoren überbrückt werden.

Kombinationen von verschiedenen Antriebsarten sind heute schon in den Hybridfahrzeugen verbreitet, die es auch schon als Nutzfahrzeuge gibt. Gemeinsam sind bisher aber auf jeden Fall der Betrieb und die Speicherung im Niederspannungsbereich.

Inwieweit die Brennstoffzellentechnik andere Rahmenbedingungen schafft, bleibt abzuwarten. Dazu ist erst die sichere Speicherung größerer Mengen von Wasserstoff zu lösen.

Vorteile der Niederspannung sind die fehlende Gefahrenzone und das damit verbundene Fehlen eines Spannungsüberschlags. Das ist nicht zu verwechseln mit dem Abriss- oder Öffnungslichtbogen aus dem Stromfluss.

Die Annäherungszone bzw. Schutzabstände sind natürlich weiter zu beachten *(s. Abb. 4/1)*. Die Fahrdrahthöhe der Straßenbahnen beträgt i.d.R. 4,7 m (BOStrab), Mindesthöhen bei Unterführungen auf 4,2 m sind möglich. Weitere sind Ausnahmenregelungen mit zusätzlicher Begrenzung allgemeiner Fahrzeughöhen (StVO). Die Wagen dürfen (bei abgezogenem Stromabnehmer) bis 4 m hoch sein. Selbst bei niedriger Bauweise (z.B. Gera 3,4 m) kann man durch Besteigen der Wagen noch leicht in die Oberleitung geraten und auch das Aufrichten zum Drehen und Ausschwenken einer DLK mit automatisch aufrichtendem Korb kann direkt unliebsame Kurzschlussfolgen bzw. einen Spannungsüberschlag zur Folge haben!

Beim Besteigen von Dächern der Verkehrsmittel, aber auch von eigenen Fahrzeugen zur Geräteentnahme unter Oberleitungen sind die Annäherungszone/Schutzabstände strikt zu beachten! Das Freischalten und ggf. Erden sind nach Möglichkeit abzuwarten.

---

1) Es laufen seit ca. 2012 mehrere Versuche für den „E-Highway“ und mit eLKW mit Strom über Oberleitungen.

Diese Prozedere gilt auch bei „normalen“ Einsätzen unter den Netzen von vergleichbaren Verkehrsmitteln.

Straßenbahnen und ähnliche Verkehrsmittel haben eine relativ einfache Motor-, Schalt- und Steuerungstechnik, wodurch die Brandentstehungsgefahr auf wenige Teile begrenzt bleibt. Mit zunehmender Brandzeit wird aber dann auch die gesamte Inneneinrichtung betroffen sein.

Ausdrücklich ausgenommen werden müssen hier Fahrzeuge mit großer Akkuspeicherkapazität! Diese Akkutechnik verfügt oft über brennbare Dielektrika und speichert Energiemengen, die erhebliche Wärmeenergie in Fehlerstromkreisen freisetzen kann, was zu explosionsartigem Zerlegen und schnell zu intensiven Folgebränden führt.

Straßenbahnen haben zwar auch Akkumulatoren für die Beleuchtung nach StVZO und die Innenbeleuchtung, welche mit denen von Bussen und großen Lkw aber vergleichbar sind und i.d.R. aus bekannten Bleiakkumulatoren bestehen. Statische oder dynamische Umformer stellen diese Zwischenspannung her.

Abb. 4.3.1/1: Geerdete Oberleitungen beim Feuer an einer Kirche (Foto: Feuerwehr Düsseldorf)

Abb. 4.3.1/2: Einsatz auf einer Straßenbahn, Bahnoberleitung abgeschaltet und geerdet (Foto: Feuerwehr Düsseldorf)

Die Antriebsmotoren der Bahnen liegen nur wenig über Schienenoberkante. Damit ist bei älteren Baumustern die Belüftung durch Dreck, Laub, Unrat u.a. anfällig. Besonders problematisch ist auch die Überflutung nach Unwettern oder Hochwasser oder das Füllen von elektrischen Schaltschränken oder Verteilern mit Schneestaub (immer wieder ein Problem gerade bei moderneren Bahnen).

Im ersteren Fall können Motorbrände entstehen, die durch die Brandgase eine Evakuierung durch den Fahrer erforderlich machen. Eventuell kann durch das Schwungmoment noch eine Haltestelle mit Bahnsteigniveau erreicht werden. Motorenbrände, die nur die Wicklung betreffen, verlöschen i.d.R. von allein. Werden aber auch das Getriebeöl, Abtriebe und Kabel sowie der Unterboden in Brand gesetzt, ist der Feuerwehreinsatz unumgänglich. Das betrifft auch Brände in der Steuerung und den Kabelsträngen. Hier ist der Brandherd häufig versteckt und der Rauchaustritt an ganz anderer Stelle. Geht man hier nicht von einem zusätzlichen Unfall aus, wird der Fahrer in der Lage sein, auch den Stromabnehmer abzuziehen. Damit ist keine elektrische Gefahr im Sinne von Berührungsspannung mehr vorhanden. Das Abziehen des Stromabnehmers ist an jedem Führerstand möglich.

Kann der Stromabnehmer nicht abgezogen werden, gelten die „Regeln" der DIN VDE 0132. Das heißt, es darf kein Schaum oder Netzmittelwasser eingesetzt werden. Bei den vielen Kunststoffteilen und evtl. notwendiger Flutung von Hohlräumen ist das eigentlich taktisch erforderlich.

Im Fall des Einfahrens in tieferes Wasser wird man die Bahn entsprechend abschleppen müssen. Das sollte mit abgezogenem Stromabnehmer passieren, es stellt aber keine besondere Gefahr dar, wenn das nicht möglich ist. Solange das Fahrzeug in der Schiene läuft, ist der Wagenkasten ausreichend geerdet und hat kein Potenzial gegen Erde bzw. Wasser.

Bei Unfällen mit Straßenbahnen kommen weitere Gefahren in Betracht. Der Fahrer kann selbst so verletzt sein, dass er die Sicherungs- und Notmaßnahmen nicht mehr durchführen kann. Steht hierbei die Bahn noch in den Schienen sollte der Zugang von außen durch die Türen gefahrlos möglich sein. Es sollten Ausbildungen mit den Verkehrsbetrieben erfolgen, die aufzeigen und trainieren, welche Handlungen im Störfall möglich sind (Abziehen der Stromabnehmer). Nach dieser Sicherung kann man die Bahn genauso wie einen Bus (evtl. MANV) betrachten.

Ist die Bahn entgleist, gibt es eine Zusatzgefahr. Der Wagenkasten steht nun nicht mehr auf „Erde“ (= Schienen), sondern führt über seine Betriebsstromkreise Bahnspannung (600 V=). Wollen Passagiere „einfach“ aussteigen oder Einsatzkräfte so einsteigen, setzen sie sich dieser „Schrittspannung“ aus, verstärkt dadurch, dass man sicher die Einstiegs- bzw. Haltestangen unterstützend benutzen will. Lässt sich das nicht vermeiden, z.B. um den Stromabnehmer abzuziehen, sollte man auf jeden Fall keine Hände benutzen *(vgl. Herzstromfaktor, Kap. 2)*. Am besten wäre ein Sprung in die Bahn. Man kann auch eine gut isolierende Matte vor den Einstieg legen. Personen, die im Ausstieg liegen, sind mit trockenen Handschuhen schnellstmöglich wegzuziehen.

Zusätzlich sind Beschädigungen an den Masten mit gerissenen Fahrdrähten möglich. Hier ist die Abschaltung der Fahrleitung unbedingt zu veranlassen. In Verkehrsknoten ist häufig eine Mehrfacheinspeisung vorhanden. Hier sollte nach der Abschaltung unbedingt auch geerdet werden,[1)] damit kein Fremdstromeintrag erfolgen kann.

Abb. 4.3.1/3: Streckentrenner der Kirnitzschtalbahn (Foto: Kögler)

Bei Randlagen mit reiner Sternversorgung sind auch Streckentrenner verbaut, die nach Absprache (Vereinbarung und Einweisung) eine Trennung durch die Feuerwehr erlauben.

Die Trenner sind mit Vorhängeschloss gesichert. Mit einem Bolzenschneider ist dieses entfernbar und der Trenner kann geöffnet werden. Der Schaltzustand ist optisch klar erkennbar.

Auch Straßenbahnen haben Besandungseinrichtungen zur Vergrößerung des Reibwerts, welche bei sehr starker und später Anwendung die Bahn zur Schiene isolieren können! Des Weiteren auch Schnellbremsen (Magnet- oder Wirbelstrombremse).

1) Die Vorschriften verlangen bei Niederspannung die Erdung nicht definitiv.

Abb. 4.3.1/4: Umformer, Schienenbremse (Magnetbremse), Sandrohre, Motorachse (v. v. n. h.) (Foto: Kögler)

Abb. 4.3.1/5: Unterweisung durch den Verkehrsbetrieb (Kupplung Bauart Scharfenberg/ESW) (Foto: Kögler)

Die Steuerströme für Bremse, Beleuchtung, Signale, Türen usw. werden durch die Kupplung übertragen. Wegen der Vielfalt ist eine Unterweisung durch den Verkehrsträger unbedingt empfehlenswert. Diese Unterweisung dient auch der Möglichkeit, im Brandfall Triebwagen und Beiwagen zu lösen und aus der Gefährdungszone zu bringen.

4.3.2 Betrieb mit Hochspannung

Eisenbahnen in Deutschland haben ein Bahnstromsystem mit 15 kV, 16,7 Hz[1)]. Ausnahmen sind Werksbahnen (Kohleindustrie) sowie einige Regionalbahnen mit kleinerer Spannung bzw. Blankenburg (Harz) mit 25 kV, 50 Hz. Durch den Hochspannungsbetrieb werden hier Leistungen umgesetzt, die eine Zehnerpotenz höher sind als bei Straßenbahnen.

Durch die Hochspannung gibt es hier zusätzlich einen Gefahrenbereich *(s. Abb. 4/1)*, in dem jederzeit mit einem Spannungsüberschlag gerechnet werden muss.

Davor werden auch Fachleute, also z.B. Lokomotivpersonal, vielfach gewarnt. Solche Hinweise sind auch an Löschfahrzeugen zu empfehlen, wenn deren Dächer begehbar sind.

---

1) Regelsystem auch in A, CH, N und S. Weiteste Verbreitung hat in Europa 25 kV, 50 Hz, z.B. TgV (F): 16,7 Hz neu, weil bei Asynchronumformern und genau 16⅔ Hz (der Frequenz aus dem Verbundnetz) der Schlupf 0 wäre, verbunden mit Gleichstromeintragung und thermischen Zusatzverlusten.

Abb. 4.3.2/1: Hinweistafel zum Wassernehmen und Entkalkungsdosierung (Foto: Kögler)

Abb. 4.3.2/2: Hinweistafel am Dachaufstieg LF16/12 (Foto: Cimolino)

Obwohl die Fahrleitungen der Vollbahnen höher aufgehängt sind (Regel: 5,35 m; Mindesthöhe: 4,2 m), ist ein Besteigen der Fahrzeuge lebensgefährlich. Bei den Lokomotiven kommt dazu, dass die Hochspannungszuführung direkt über das Triebfahrzeugdach erfolgt. Leider ereignen sich immer wieder schwere Unfälle durch spielende Kinder oder Jugendliche auf den Oberseiten von Bahnfahrzeugen durch Spannungsüberschläge von der Oberleitung. Die Betroffenen erleiden einen schweren Stromschlag, lebensgefährliche Verbrennungen und bleiben i.d.R. auf dem Dach des Waggons oder der Lok schwer verletzt (oder tot) liegen.

Für die Abgrenzung des Gefahren- und Annäherungsbereichs ist noch zu beachten, dass an den Oberleitungsmasten häufig auch zusätzlich Bahnstromleitungen (keine Fahrleitung!) zur Unterwerksversorgung mit 110 kV mitgeführt werden.

Damit gelten bei Bahnanlagen allgemein die gleichen Grundsätze wie bei EVU mit den Umspannern, Trafostationen usw. Arbeiten unter Spannung bedürfen einer ausdrücklichen Genehmigung des Betreibers. Für die DB ist hier der Notfallmanager Bahn zuständig. Diese Position ist jederzeit besetzt und erreichbar. Allerdings ist ein Eintreffen vor Ort häufig nicht zeitnah möglich. Hier kann man verschiedene Möglichkeiten vereinbaren, z.B. der Notfallmanager bestätigt (Fax) die Abschaltung der Oberleitung und die örtliche Feuerwehr ist autorisiert, die zusätzlich notwendige Erdung selbst vorzunehmen.

Bei den häufigsten Unglücken auf Bahnanlagen handelt es sich um Suizide durch Überfahren Lassen im Gleiskörper. Hier ist im Normalfall[1)] keine Abschaltung erforderlich, aber zwingend eine Streckensperrung.

Jedes Arbeiten im Gleisbereich der DB erfordert ein Sperren des Bahnverkehrs, auch wenn die elektrische Oberleitung einsatzbedingt nicht immer abgeschaltet werden muss!

Zugunglücke durch Kollisionen oder Entgleisungen sind fast immer Unfälle mit einem Massenanfall von Verletzten (MANV). Dazu kommt häufig eine schlechte Zugänglichkeit zur Unfallstelle, wenn diese außerhalb von Bahnhöfen liegt. Das ist aber keine Besonderheit der Traktionsart (also Strom oder nicht). Hier sollen nur die Zusatzgefahren durch die elektrische Traktion beleuchtet werden.

Die Verwendung von Hochspannung erfordert in der Lokomotive eine Transformation für Traktions-, Heiz- und Hilfsantriebe inklusive Beleuchtung. Diese Trafos sind öl- oder feststoffisoliert. Allein durch die Größe stellen sie eine besondere Brandlast dar und sind häufig Grund von Lokomotivbränden. Daneben ist aber auch eine Vielzahl weiterer elektrischer Betriebsmittel vorhanden, wie Kompressor- und Lüftermotoren, Phasenschieber- und Löschkreiskondensatoren, Dämpferspulen und -widerstände u.v.m. All das kann

Abb. 4.3.2/3: Löscharbeiten aus dem Bereich der Bahnanlagen bei abgeschalteter Oberleitung (Foto: Willmuth, Sebnitz)

1) Natürlich müssen bei allen (U-/S-)Bahnanlagen mit seitlichen Stromabnehmern in Bodennähe (vgl. Berlin) trotzdem Abschaltung und Erdung betrieben werden!

Abb. 4.3.2/4a und b: Brennende E-Lok in Düsseldorf (Fotos: Feuerwehr Düsseldorf)

Ursache eines Brandes sein, der nur im spannungsfreien Zustand gelöscht werden kann. Das Anspritzen von Lokomotiven aus sicherem Abstand (DIN VDE 0132) bleibt meist wirkungslos, aber das Kühlen der Fahrleitung(en) und der Kettenwerke kann notwendig werden, um den Folgeschaden gering zu halten.

Bei der eigenen Fahrzeugaufstellung ist unbedingt darauf zu achten, dass man sich nie unter dem Fahrdraht, sondern in entsprechendem Abstand platziert. Fahrdrähte haben Nachspanneinrichtungen, welche beim Fahrdrahtriss (der auch aus der Brandhitze heraus erfolgen kann, s. Schmelzpunkt Kupfer) erhebliche Kräfte freisetzen und lebensgefährliche Verletzungen erzeugen können. Ist die Fahrleitung schon gerissen, ist die Spannungsfreiheit wichtigstes Kriterium.

4.4 Besonderheiten bei Dunkelheit

Das Sehen bestimmt wie kein anderes Sinnesorgan die Handlungs- und Entscheidungsfähigkeit des Menschen. Einsatzstellen sind je nach den Verhältnissen zusätzlich oder überhaupt auszuleuchten.

Die Feuerwehren und andere Einheiten der Gefahrenabwehr haben selten die Möglichkeiten, Beleuchtungen aufzubauen, welche in Räumen genutzt werden. Hier wirken die reflektierenden Wände und Decken und die möglichen Aufhängepunkte an der Decke aber unterstützend für die Erreichung einer optimalen Arbeitsstättenbeleuchtung.

Dabei ist es nicht nur eine Frage der Lichtstärke, sondern auch der Kontraste. Blendung und starke örtliche Schwankungen der Beleuchtungsstärke erlauben keine komplizierten Tätigkeiten. Die Beleuchtung ist der Einsatzaufgabe anzupassen. Es ist natürlich nur schwer möglich, unter Einsatzbedingungen eine Beleuchtung zu berechnen. Es gibt aber die Möglichkeit, im Vorfeld für Einsatzpläne, Bereitstellungsräume oder Beschaffungspläne solche Berechnungen durchzuführen, um ggf. auch einen Bedarf an geeigneter Beleuchtungstechnik nachweisen zu können.

Die optimale Beleuchtung von Einsatz- und sonstigen Stellen erfordert Rahmenwerte, die sich am besten an Arbeitsstätten orientieren. Dabei ist auch zu beachten, dass die erforderliche Beleuchtungsstärke auch eine Frage der Arbeitszeit ist. Hierbei können anfangs Zugeständnisse gemacht werden, die bei längerer erforderlicher Einsatzdauer auch gut nachgebessert werden können. Das soll aber nicht im Umkehrschluss bedeuten, dass man Beleuchtung vom Grundsatz nach dem Prinzip „Probieren" aufbauen sollte. Erfahrungswerte können herangezogen werden und müssen dann aufgrund der konkreten Lage vor Ort ggf. nachgebessert werden. Beleuchtung ist kein Luxus, sondern Arbeitssicherheit!

Die Leuchtmittel sollten so hoch als möglich angebracht werden, zumindest so, dass der Lichteinfall nicht unter 30° gegenüber der Horizontalen einfällt. Die Lichtpunkthöhe ist aber nicht beliebig für alle Einsatzfälle auswählbar. Bei Verwendung von Lichtmasten an Fahrzeugen und Stativen ist man von deren maximaler Auszugslänge abhängig. Derzeit sind folgende Längen genormt bzw. gefordert:

- Dreibeinstativ, ausziehbar nach DIN 14683: 1,62–1,8 m
- Teleskopstative mit Sturmverspannung, falls als Beladung gefordert in DIN 14530-x: ≥ 3,5 m, im Fachhandel bis 4,9 m
- Lichtmasten auf Fahrzeugen (DIN 14530-x): 2 m über Fahrzeughöhe 5,3 m

Abb. 4.4/1: Fahrzeuglichtmast als Kurbellichtmast mit konventionellen Scheinwerfern am Heck (Foto: Cimolino)

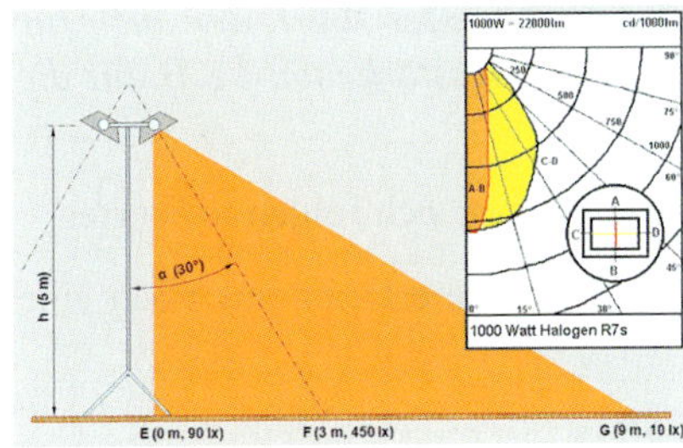

Abb. 4.4/2: Beleuchtungsfall A für Beispielrechnung (Grafik: Kögler)

Damit sind vielfach Lichtpunkthöhen von ca. 5 m durchaus herstellbar. Dem sollen auch die Rechenbeispiele zugrunde gelegt werden. Dazu ein Halogenscheinwerfer 1000 W. Zu beachten ist, dass Halogenscheinwerfer > 500 W nur mit waagerechtem Leuchtmittel betrieben werden dürfen, d.h., die Lichtstromverteilungskurve A-B ist in dieser Anschauung zu verwenden. Die Kurve C-D wirkt in die Tiefe.

Beispiel A:

Begriffe: *Lichtstrom(Φ): Lumen (lm)*
Lichtstärke (I): Candela (cd)
Beleuchtungsstärke(E): Lux (lx)

Die Gleichung für die Beleuchtungsstärke an jedem beliebigen Punkt ist:

$$E = I_\alpha \cdot cos^3 \alpha / h^2$$

Diese Gleichung scheint etwas komplex. Man kann die Gleichung auch in mehrere einfache Einzelgleichungen auflösen, was die Rechnung aber nicht schneller macht. Der Grund ist, dass die Beleuchtungsstärke, wie wir das auch von Funkwellen und Wärmestrahlen kennen, im Quadrat mit der Entfernung abnimmt und dass jeder Lichtstrahl einen anderen Auftreffwinkel zum Boden hat. Aber dafür gibt es heute ja Taschenrechner.

Die Ergebnisse kann man unter Beachtung der Lichtverteilerkurve[1] eines typischen Halogenscheinwerfers nachrechnen.

Für „F" ergibt sich diese Rechnung: $E = 800 \cdot 22 \cdot 0{,}65 / 25 = 457 \approx 500$ *lx*

Der Blendungswinkel liegt bei 9 m an der Grenze von 30°. Die Beleuchtungsstärke von 10 lx ist dort noch ausreichend für weniger genaue Arbeit. In 3 m

---

1) Es liegt uns derzeit leider keine Lichtverteilerkurve mit besserer Auflösung vor, für die grobe Planung von Beleuchtungsaufgaben ist das aber ausreichend und Achtung: Lichtverteilungskurven geben immer cd/1000 lm oder cd/klm an, weiter ist α bei I der Austrittswinkel des Lichts aus der Lichtverteilungskurve, d. h., im Punkt „E" ist $I_\alpha = 30°$, während $cos^3{}_\alpha = 1$ (weil α hier 0) ist!

Abstand werden 450 lx erwartet. Das ist ein sehr guter Wert, der auch für genaueste Arbeit ausreichend ist. Diese Beleuchtungsstärke wird z.B. für die Arbeitsplatte von Schreibtischen empfohlen.

Wenn man den Scheinwerfer auf 45° anhebt, ergeben sich folgende Werte:

Im Punkt „E“: ca. 40 lx (die Stromverteilungskurve erlaubt nur noch eine Schätzung)

Für „F“: Entfernung zum Mast: 5 m bei 250 lx

Für „G“: Entfernung zum Mast: 20 m bei 1 lx

Bei 9 m wie in Abb. 4.4/2 würden hier noch ca. 40 lx anliegen. Allerdings ist der Lichtpunkt aus 20 m nur noch 15° über der Horizontalen (Blendungsgefahr).

Die 250 lx reichen auch hier noch für feine Arbeiten aus, 1 lx ist für das Begehen auch unebener Wege noch ausreichend.

Allerdings ist bei Menschenströmen wie bei Massenveranstaltungen zu bedenken, dass vielfältige Schattenbildung die Sicht vor den Füßen unmöglich machen kann und die Sturzgefahr zunimmt!

Das Beispiel zeigt, dass man auch 180° versetzt eine zweite Leuchte mit gleichen Werten verwenden kann, genauso wie die Anordnung um 90° versetzt.

Einzellichtquellen haben aber den Nachteil, dass bei genauen Arbeiten die Schattenwirkung starke Leuchtdichteschwankungen erzeugt, welche stören oder die Arbeit unmöglich machen. Man kann dem mit Zusatzbeleuchtung durch Handscheinwerfer oder Helmlampen begegnen oder überlappende Ausleuchtung erstellen *(vgl. Abb. 4.4/3)*.

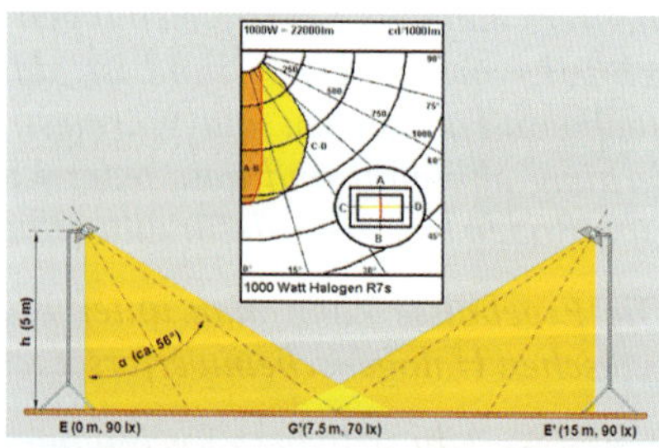

Abb. 4.4/3: Beleuchtungsfall B für Beispielrechnung (Grafik: Kögler)

Beispiel B:

Lichtpunkthöhe und Leuchtenwinkel wie Beispiel A.

Im Überlappungsbereich sind die Lichtstärken zu addieren. Für den Mittelpunkt kann man bei gleichen Leuchten die Gleichung also folgendermaßen modifizieren, weil die Beleuchtungsstärke aus zwei gleichstarken Strahlern erzeugt wird.

$$E = 2 \cdot I_{\alpha} \cdot \cos^3\alpha / h^2$$

Sind die Lichtverteilungskurven nicht fingerartig gespreizt, kann man auch davon ausgehen, dass die Beleuchtungsstärke rechts und links der Mitte nicht schlechter wird.

Da man 50 lx für feine Arbeiten (Objektgrößen 1 bis 2,5 mm bei 40 cm Augenabstand noch gut zu erkennen) als ausreichend hält, ist auch hier die Technische Rettung bei Verkehrsunfall so durchführbar.

Die Berechnung kann man natürlich mit jedem anderen Leuchtmittel und beliebigen Lichtpunkthöhen durchführen. Große Lichtpunkthöhen sind gut gegen Blendwirkung und haben große Flächenwirkung, erfordern aber auch entsprechende Lichtstärken.

Vielfach werden DLK für Beleuchtungszwecke eingesetzt. Das ist taktisch durchaus möglich, auch wenn eine DLK hier unterfordert ist und man nicht

Abb. 4.4/4: Strom- und Beleuchtungsanhänger Düsseldorf (Foto: Truckenmüller, Düsseldorf)

Abb. 4.4/5: Anhängeleiter AL18 als Beleuchtungsmast (Die Fahne entfällt im Einsatz.) (Foto: Kögler)

beliebig viele vorhalten kann. Deshalb ist die Beschaffung von Beleuchtungsanhängern eine Alternative. Aber auch durch Improvisation kann man hohe Lichtpunktlagen erzeugen *(s. Abb. 4.4/5)*.

Für den Betrieb von Beleuchtungsanlagen ist eine Abstimmung mit den Stromerzeugern nötig. Bei Großschadenslagen ist es günstig, die Licht- und Arbeitsgeräteversorgung über mehrere Stromerzeuger zu verteilen. Gasentladungslampen, wenn sie nicht heißstartfähig sind (doppelte Zündelektroden und Zündgeräte), können durch Spannungseinbrüche verlöschen und Minuten für einen Neustart brauchen.

Rein elektronische Lampen (LED, „Energiesparlampen“ und diverse Gasentladungslampen mit elektronischen Vorschaltgeräten) haben kapazitive Blindströme. Das können manche Stromerzeuger nicht liefern! Hier muss entsprechend stark induktiv und/oder ohmsch vorbelastet werden, sonst kann es zur Zerstörung der Lampen, aber auch der Stromerzeuger (Überspannung) kommen. Dazu sind auch im Kap. 3 Hinweise gegeben.

Abb. 4.4/6: Einsatzstellenbeleuchtung aus DLK (Foto: Feuerwehr Düsseldorf)

Abb. 4.4/7: Beleuchtung zusätzlich aus DLK (Foto: Feuerwehr Düsseldorf)

5 Sicherung der Einsatzstelle zum Einsatzende

Der Einsatz gilt als beendet, wenn die aktiven Arbeiten zur Schadensbekämpfung bzw. Schadensverhütung eingestellt werden und die Einsatzkräfte die Einsatzstelle als „sicher“ verlassen bzw. an den Eigentümer oder eine zuständige Behörde übergeben haben.

An Brandstellen werden ggf. Brandwachen bzw. -nachschauen erforderlich. Dort und an vielen sonstigen Einsatzstellen ist ggf. auch die Absicherung gegen Verkehr oder gegen das unerlaubte Betreten der Einsatzstelle bis zur Übergabe an den Eigentümer oder eine zuständige Fachbehörde erforderlich. So früh wie möglich sollten die Aktivitäten so koordiniert werden, dass so wenig wie möglich an der Einsatzstelle verändert wird, wenn eine Ursachenuntersuchung erforderlich ist. Dies wird bei elektrotechnischen Anlagen die Regel sein (vgl. SCHUBERT, 2005).

Abb. 5/1: Gefahrenhinweis aus dem Elektrowerkzeugkasten der Feuerwehr (Foto: Kögler)

Die entsprechenden Entscheidungen bzw. Maßnahmen sind zu dokumentieren (z.B. Einsatzbericht bzw. durch Rückmeldung an die Leitstelle) und ggf. mit der Polizei oder anderen Fachbehörden und dem Energieversorger abzustimmen.

Bei Gebäudebränden wird häufig das technische Versagen von Komponenten als Brandursache vorangestellt. Es muss sich aber nicht ursächlich um Mängel oder Schwächen der Geräte, Installationen oder Anlagen handeln, vielfach kann nicht bestimmungsgemäßer Gebrauch (man kann es auch Missbrauch nennen), Verschleiß oder Manipulation nicht ausgeschlossen werden. Die Untersuchungen unterliegen der Polizei und Staatsanwaltschaft. Die Feuerwehren bzw. einzelne Einsatzkräfte mit besonderen Kenntnissen können als Fachberater, Sachverständige bzw. natürlich Zeugen über den Zustand zu Einsatzbeginn hinzugezogen werden.

Elektrotechnische Anlagen sind so zu sichern, dass keine Berührungsgefahr für Außenstehende besteht. Dazu muss ggf. der Energieversorger schon außerhalb des Grundstückes die Stromleitungen unterbrechen. Eine Unterbrechung nur durch Schalter (auch Schutzschalter aller Art) ist nicht ausreichend, mit Ausnahme wenn der Raum/Schaltschrank verschlossen werden kann. Es ist für eine weitestgehende Sicherheit gegen Wiedereinschalten, Wiederinbetriebnahme zu sorgen. Unterstützend kann das auch durch Schilder geschehen, allerdings nicht als einzige Maßnahme.

Schraub- oder NH-Sicherungen sollten entfernt und sichergestellt werden. Sie sind dann später dem Betreiber bzw. Eigentümer zu übergeben.

Freileitungen sollten am nächsten Mast unterbrochen werden, wobei bei gerissenen Leitungen und ausgerissenen Aufhängungen an Gebäuden hohe Unfallgefahr besteht. Freileitungen stehen unter Zug und der Wegfall einer Zugrichtung kann zum Brechen und Umfallen verschlissener Masten führen!

Es muss das Ziel sein, abgearbeitete Einsatzstellen immer an Polizei, Betreiber und/oder Eigentümer zu übergeben. Diese Übergabe ist in der Rückmeldung an die Leitstelle bzw. im Einsatzbericht zu dokumentieren. Dazu sind die Namen und Dienststellen bzw. Arbeitgeber zu erfassen.

Auf noch weiter bestehende Gefahren (z.B. Absturz in ungesicherte Bodenöffnungen oder von Dächern, Atemgifte durch Reste von Pyrolysegasen, Chemie durch kontaminiertes Löschwasser, Einsturz auch von notdürftig gesicherten Teilen usw.) muss immer hingewiesen werden!

6 Anhang

6.1 Gefahren der Einsatzstelle

(Wendel, in Cimolino, 2013)

Welche Gefahren sind erkannt?												
Gefahren durch → / Gefahren für ↓	Absturz	Angstreaktion	Atemgifte	Atomare Strahlung	Ausbreitung	Biologische Stoffe	Chemische Stoffe	Einsturz	Elektrizität	Erkrankung/ Verletzung	Ertrinken	Explosion
	A	A	A	A	A	B	C	E	E	E	E	E
Welche Gefahren müssen bekämpft werden?												
Menschen												
Tiere												
Umwelt	–	–						–	–	–	–	
Sachwerte		–								–		
Vor welchen Gefahren müssen die Einsatzkräfte geschützt werden?												
Mannschaft												
Gerät		–	–							–		

6.2 Die wichtigsten Abstandsregeln

(KÖGLER nach DIN VDE 0105-100)

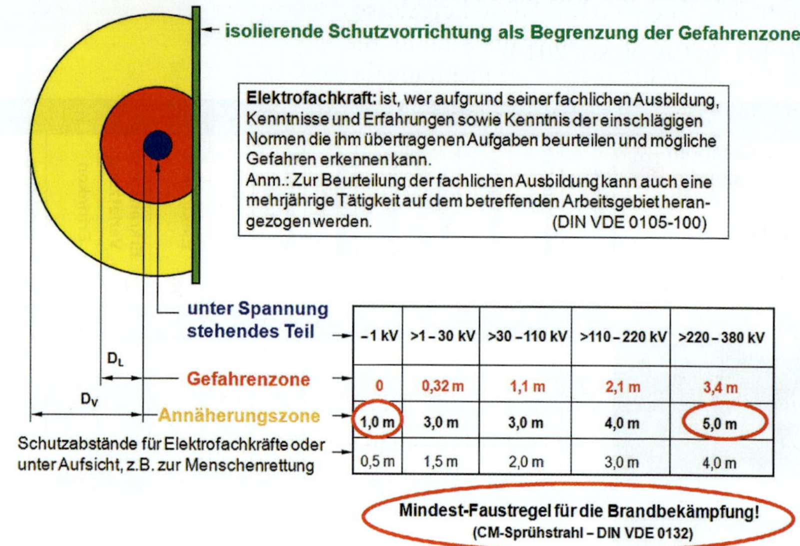

	-1 kV	>1 - 30 kV	>30 - 110 kV	>110 - 220 kV	>220 - 380 kV
Gefahrenzone	0	0,32 m	1,1 m	2,1 m	3,4 m
Annäherungszone	1,0 m	3,0 m	3,0 m	4,0 m	5,0 m
Schutzabstände für Elektrofachkräfte oder unter Aufsicht, z.B. zur Menschenrettung	0,5 m	1,5 m	2,0 m	3,0 m	4,0 m

6.3 Fachempfehlung AK Technik AGBF und VdF NRW

Die folgenden Empfehlungen (bereits 2004 auf Basis der damals geltenden VDE 0132 von der AGBF NRW beschlossen) entsprechen der gelebten und täglich praktizierten Realität und sind für die Aufrechterhaltung des Einsatzbetriebs und zur Erfüllung der Pflichtaufgaben notwendig. Unfälle damit sind weder aus dem In- oder Ausland bekannt.

Ein herstellerneutrales Forschungsvorhaben zur Beschreibung der vorhandenen realen Risiken (Unfallauswertung) und Klärung der offenen Fragen

- v.a. Einsatz von Schaum (auch DLS/CAFS) und
- höheren Volumenströmen (z.B. Wasserwerfer)

wird über die vfdb angeregt.

■ Elektrische Anlagen < 1000 V (übliche Hausanschlüsse)

Bei Bränden in Wohn-, Büro- und Geschäftsgebäuden sind i.d.R. elektrische Anlagen unter 1000 V anzutreffen, die beim Eintreffen der Feuerwehr

- i.d.R. noch nicht stromlos sind,
- in ihrer Lage innerhalb einer i.d.R. unbekannten Örtlichkeit (z.B. Hausanschluss- oder Sicherungskasten, aber auch Leitungswege) nicht bekannt sind,
- teilweise durch das Einsatzereignis (z.B. Hausanschluss oder Sicherungskasten) nicht zugänglich sind.

Vorgehende Trupps unterliegen im Brandeinsatz erheblichen Sichtbehinderungen bis hin zur „Null-Sicht“. Das Einhalten von theoretischen Abstandsregeln ist in der Praxis nicht möglich, ohne den Einsatzerfolg zu gefährden. Ein Vorgehen im dichten Brandrauch ist z.B. nach den Vorgaben der DIN VDE 0132 schlicht verboten.

Der Einsatz von Sprühstrahl erzeugt aber eine Tröpfchenbildung, die eine hohe Sicherheit gegen Stromdurchschlag über das Löschmittel bietet. Dies beweisen die fehlenden Unfallereignisse im In- und Ausland sowie die bisher bekannt gewordenen herstellerabhängigen Untersuchungen.

Es werden daher folgende Einsatzregeln für den Einsatz im Bereich elektrischer Anlagen < 1000 V, die nicht sicher stromlos sind, empfohlen:

- Soweit ausreichend Zeit vorhanden ist bzw. dies überhaupt möglich ist (Zugänglichkeit!), ist die elektrische Anlage am Sicherungskasten stromlos zu schalten und gegen Wiedereinschalten zu sichern.
- Von geeignetem Personal (Energieversorger usw.) kann ggf. zusätzlich geerdet werden und/oder das Haus/Gebäude am Verteilerkasten stromlos geschaltet werden.[1]
- Die Brandbekämpfung erfolgt grundsätzlich im Sprühstrahl und mit Wasserleistungen[2] < 400 l/min und < 10 bar Pumpenausgangsdruck[3]. Hohlstrahlrohre bieten dabei eine bessere Sprühstrahlcharakteristik als CM-Rohre.
- Der Einsatz von Hochdruckanlagen ist grundsätzlich möglich, wenn ausschließlich Sprühstrahl gewählt wird und es sich um vergleichbare oder kleinere Literleistungen handelt.
- Einsatz- und deren Führungskräfte sind auf erkannte Gefahren (z.B. herabhängende Anschlussleitungen, verbrannte Anschlusskästen) hinzuweisen.
- Der Einsatz von Netzmitteln ist problemlos möglich.
- Der Einsatz von (Druckluft-)Schaum (DLS bzw. CAFS bzw. Schaum) ist nach bisherigen Einsatzerfahrungen bei Anschlüssen bis 400 V ebenfalls möglich. Unfälle aus der Anwendung von DLS im Bereich elektrischer Anlagen sind bisher nicht bekannt, obwohl diese Technik von einigen Feuerwehren trotz faktischem Anwendungsverbot von Schaum im Bereich elektrischer Anlagen (vgl. VDE 0132) schon jahrelang auch im Innenangriff benutzt wird. Die Leitfähigkeit von Schaum wird darüber

---

[1] Diese Maßnahme benötigt aber einen Zeitraum von erfahrungsgemäß weit über 30 Minuten und ist damit für den Ersteinsatz praktisch unmöglich.

[2] Einige Feuerwehren (v.a. auch in den USA) verwenden HSR mit Leistungen von 300–400 l/min auch im Innenangriff. Daraus resultierende Unfälle mit elektrischem Strom sind nicht bekannt. 400 l/min ist die Abgrenzung von „C“- bzw. „B“-Hohlstrahlrohr.

[3] Moderne (Normaldruck-)Strahlrohre (Hohlstrahlrohre) benötigen Strahlrohrdrücke von ca. 7–10 bar für ein optimales Ergebnis. Höhere Drücke führen nicht nur zu höherem Wasserverbrauch, sondern auch zu höheren Rückstoßkräften und zu vermehrten Problemen mit den Schläuchen. In besonderen Lagen (z.B. Brandbekämpfung in Hochhäusern) muss ggf. an der FP ein noch höherer Druck gefahren werden.
Die Angabe von Drücken am Strahlrohr (vgl. VDE 0132) sind für die Praxis nicht geeignet, weil diese im Einsatz nicht messbar sind und von vielen Faktoren abhängen.

hinaus nach de Vries, 2000–2008, eher von der Zusammensetzung des Wassers als des Schaummittels oder dessen Anteil bestimmt.
- Gleichwohl kann es beim Einsatz von Schaum bei Spannungen von über 400 V bis 1000 V je nach anliegender Spannung, Schaummittel, Wasser und Schaumerzeugungstechnik nach Müller, 2012, zu Strömen kommen, die unter Umständen Effekte auf den Körper haben können.

■ Elektrische Anlagen > 1000 V

Bei Bränden in Industrieanlagen sowie bei den Energieversorgern und deren Anlagen inkl. der elektrischen Versorgungsleitungen sowie im Bereich der elektrifizierten Eisenbahnstrecken sind viele Varianten von Anlagen über 1000 V anzutreffen.

Ein Einsatz von Löschmitteln in diesen Bereichen ist nur zulässig, wenn

- die Anlagen **sicher** stromlos, geerdet und gegen Wiedereinschalten gesichert sind (das ist nur über die Energieversorger bzw. den Anlagenbetreiber möglich!) **oder**
- die aus der VDE 0132 bekannten Abstände[1)] eingehalten werden. Die Abstände gelten auch für HD-Löschanlagen mit vergleichbarer oder kleinerer Literleistung.
- Der Einsatz von Netzmitteln ist unter den genannten Bedingungen möglich.
- Der Einsatz von Schaum ist grundsätzlich nur möglich, wenn der erste Aufzählungspunkt erfüllt ist.

■ Unklare Spannungen in elektrischen Anlagen (> oder < 1000 V) bzw. Vergleichbarkeit von Hohl- und Mehrzweckstrahlrohren

Nicht immer kann anhand der Erkundungsmöglichkeiten eine elektrische Anlage eindeutig zugeordnet werden.

- Bei unklaren Spannungsverhältnissen in elektrischen Anlagen ist vom höheren Risiko auszugehen. Es gelten die Regeln der VDE 0132.
- Nach bisherigen Erkenntnissen sind Hohlstrahlrohre bis 400 l/min bei den Abstandsregeln wie CM-Rohre zu betrachten, Hohlstrahlrohre mit höherer Literleistung wie BM-Rohre.

---

1) Hier spielt nicht nur der potenzielle elektrische Durchschlag über das Löschmittel, sondern auch die „Schrittspannung“ (z.B. bei Spannungsabfluss über die Erde) eine Rolle.

Literaturverzeichnis

AKADEMISCHER VEREIN HÜTTE E.V.: Des Ingenieurs Taschenbuch (in 3 Bd.), Ernst & Sohn, Berlin, 1955

AUTORENKOLLEKTIV: ABC des Einsatzleiters der Feuerwehr, Staatsverlag der DDR, Berlin, 1988 (7. Aufl.)

AUTORENKOLLEKTIVE: Kleine Fachbücherei der Feuerwehr, versch. Hefte, Staatsverlag der DDR Berlin, 1960 bis 1975

BESCH F., CIMOLINO U., WEBER M., WOLF U.: Standard-Einsatz-Regeln (SER): Einsatz bei Photovoltaik-, Windenergie- und Biogasanlagen, ecomed Verlag, Landsberg, 2012

CIMOLINO U.: Einsatzleiter-Handbuch Feuerwehr, ecomed Verlag, Landsberg, Stand 2014

CIMOLINO U., ZAWADKE TH. (HRSG.), DE VRIES H., KÖGLER H., LANG O., RUCKERBAUER J.: Einsatzfahrzeuge für Feuerwehr und Rettungsdienst – Fahrzeugtechnik, ecomed Verlag, Landsberg, 2005

DE VRIES H.: Brandbekämpfung mit Wasser und Schaum, ecomed Verlag, Landsberg, 2000–2008

DIN: Beuth Verlag GmbH, www.beuth.de

FRIEDRICH-TABELLENBÜCHER, Elektrotechnik, VEB Fachbuchverlag, Leipzig, 1968

GRAETZ L.: Kurzer Abriss der Elektrizität, Engelhorn, Stuttgart, 1906

GRUHL T.: Im Dschungel der Personenschutzschalter – Welcher Schutz für welchen Zweck?, WEKA MEDIA GmbH & Co. KG, 2010

KNEBEL L.: Taktik der Feuerwehr, Staatsverlag der DDR, Berlin, 1984

LEDERER S.: FA Anästhesiologie/Intensivtherapie/Notfallmedizin; Ärztlicher Leiter Landesrettungsschule Brandenburg: Notfall: Stromschlag, Durch Mark und Bein, Via medici, 2007

LINNE, STAMMBERGER, PETZOLD, HUNGER, GRAFF: Starkstromanlagenbau, VEB Verlag Technik, Berlin, 1966

MELIOUMIS M.: Wichtige Informationen zum Einsatz von Personenschutzeinrichtungen (PRCD und PRCD-S), Landesfeuerwehrschule Baden-Württemberg, Bruchsal, 2014

NAUMANN H.: Anwendung effektiver Löschmethoden, MdI der DDR, Berlin, 1983

PHILIPPOW E.: Taschenbuch Elektrotechnik (in 2 Bd., Hochschullehrbuch), VEB Verlag Technik, Berlin 1965

SCHUBERT R.: Brandbekämpfung und Brandursachenermittlung – zwangsläufig ein Widerspruch?, VdS Schadenverhütung, 2005

SCHUBERT R.: Unfallverhütung im Feuerwehrdienst, Staatsverlag d. DDR Berlin, 1967 (3. Aufl.)

THIEM H. et al.: Elektrische Gefährdung der Feuerwehren durch PV-Anlagen (Messung der el. Leitfähigkeit), Workshop BMU Köln, 2012

VERBAND DER NETZBETREIBER (VDN): Notstromaggregate, Richtlinie für Planung, Errichtung und Betrieb von Anlagen mit Notstromaggregaten, Berlin, 2004

WENDEL K.: Gefahrenmatrix (Checkliste) nach CIMOLINO, 1999/2004, in: CIMOLINO U., Einsatzleiterhandbuch Feuerwehr, ecomed Verlag, Landsberg, Stand 2014

ZSCHIESCHE W.: Berufsgenossenschaft Energie Textil Elektro Medienerzeugnisse – BG ETEM Köln, Stromunfälle, Gefährdungen, gesundheitliche Auswirkungen, Erste Hilfe und ärztliche Maßnahmen